本研究由国家自然科学基金项目(编号:41571107)、中国科学院重点部署项目(编号:KFZD-SW-318)联合资助

U0149433

鄱阳湖湿地时空格局演变及其水文响应机制

万荣荣　戴　雪　王　鹏　著

东南大学出版社
SOUTHEAST UNIVERSITY PRESS
·南京·

内 容 提 要

通江湖泊湿地生态过程与水文过程的耦合是生态水文学的关键科学问题。本书以高水位变幅驱动鄱阳湖洲滩湿地为对象，系统分析了近30年鄱阳湖不同时间尺度水位波动变化规律，重建了洲滩湿地植被景观带、湿地植被群落地表生物量空间分布格局的演变过程，揭示了驱动湿地植被空间格局变化的关键水情因子，探讨了通江湖泊特殊的水文过程对湿地生态系统影响研究的新思路和新方法，对长江经济带生态系统健康和可持续发展具有实践指导意义。

本书可供地理学、水文学、生态学等领域的研究人员和高等院校师生，以及自然资源、生态环境、水利等相关政府部门的管理者和规划人员参考阅读。

图书在版编目(CIP)数据

鄱阳湖湿地时空格局演变及其水文响应机制 / 万荣荣，戴雪，王鹏著. — 南京：东南大学出版社，2020.3
ISBN 978-7-5641-8661-6

Ⅰ.①鄱…　Ⅱ.①万…　②戴…　③王…　Ⅲ.①鄱阳湖-沼泽化地-水文情势-研究　Ⅳ.①P942.560.78 ②P333

中国版本图书馆 CIP 数据核字(2019)第 263387 号

鄱阳湖湿地时空格局演变及其水文响应机制
Poyanghu Shidi Shikong Geju Yanbian Jiqi Shuiwen Xiangying Jizhi

---

著　　者	万荣荣　戴　雪　王　鹏	
出版发行	东南大学出版社	
出 版 人	江建中	
社　　址	南京市四牌楼 2 号	
邮　　编	210096	

经　　销	全国各地新华书店
印　　刷	安徽新华印刷股份有限公司
开　　本	787 mm×1092 mm　1/16
印　　张	10
字　　数	187 千字
版　　次	2020 年 3 月第 1 版
印　　次	2020 年 3 月第 1 次印刷
书　　号	ISBN　978-7-5641-8661-6
定　　价	68.00 元

（本社图书若有印装质量问题，请直接与营销部联系。电话：025-83791830）

前　言

生态水文学是生态学和水文学的交叉学科。水是湿地生态系统存在的物理基础,水文过程的变化主导着湿地其他相关过程,制约着湿地生态系统中的一切生命现象。深入研究湖泊水位波动与湿地植被动态变化之间的关系是当前该学科领域亟待解决的科学问题。鄱阳湖是中国最大的淡水湖,随湖泊水位季节性涨落形成的独具特色的季节性湿地景观,在国际上罕见。鄱阳湖湿地被首批列入《世界重要湿地名录》,是国际重要的白鹤、东方白鹳等珍稀水禽全球最大种群的越冬场所。近年来,在降水丰枯变化和重大水利工程建设的综合影响下,长江中游江湖水系出现了持续性的干旱,鄱阳湖出现了接近或超过历史最低枯水位,水域和湿地生态系统面临威胁,引起了社会各界的广泛关注。鉴于此,本书在国家自然科学基金项目"通江湖泊典型洲滩湿地植被时空格局演变对水位波动的响应机制研究——以鄱阳湖为例"(编号:41571107)、中国科学院重点部署项目"通江湖泊生态系统服务变化评估与提升"(编号:KFZD-SW-318)资助下,以通江湖泊湿地生态—水文过程的耦合研究为核心,在系统分析近30年鄱阳湖水文情势的变化规律、鄱阳湖典型洲滩湿地植被时空格局变化过程的基础上,定量识别鄱阳湖湿地空间格局变化的水文响应机制。本研究可为生态水文的耦合机制研究提供理论和方法的支撑,同时对于支撑长江经济带与鄱阳湖生态经济区建设等国家战略实施以及保障长江中游区域生态安全具有重要的现实意义。

从国内外相关研究进展来看,已有研究多侧重于鄱阳湖湿地生态或湖泊水文一个方面,很少涉及两者之间响应关系研究。本书的研究特色在于以高水位变幅驱动鄱阳湖洲滩湿地为对象,综合应用遥感与 GIS 技术、野外监测、室内实验、多尺度时空模型模拟等方法,基于生态水文学理论进行湖泊多时间尺度水位波动过程对洲滩湿地植被时空格局影响的机理性研究,探讨通江湖泊特殊的水文过程对湿地生态系统影响研究的新思路和新方法。该研究可为生态水文学这一交叉学科领域提供理论拓展和方法创新,同时对长江经济带生态系统健康和可持续发展具有很好的实践指导意义。

本书内容共包括六章。第一章提出了本项研究的科学问题,系统梳理了国内外相关研究进展及总体研究思路;第二章基于鄱阳湖代表水文站长序列水文观测数据,分析鄱阳湖近 30 年不同时间尺度水位波动变化规律及空间差异,并提出水位波动的度量方法;第三章利用遥感影像数据和实地植被调查数据,从景观和群落两个尺度重建鄱阳湖近20~30 年洲滩湿地植被景观带空间分布格局序列、洲滩湿地植被群落地表生物量空间分布序列,揭示鄱阳湖湿地植被空间格局特征及演变规律;第四章借助分类与回归树(CART)模型,识别影响湿地植被带空间格局变化的关键水位波动变量,定量研究特定的水位波动模式对典型植被景观带的影响机制;第五章基于野外定位观测、采样与实验室分析、通过 LASSO-SEM 模型,揭示了水位波动与土壤等环境因子对三角洲洲滩湿地、碟形洼地湿地植物群落地上生物量空间格局的多因子协同作用机制;第六章为本研究的主要结论、问题及展望。

目　　录

第一章　绪论

第一节　问题的提出

一、水文过程对生态系统的影响是生态水文学的重要研究领域

生态水文学是生态学和水文学的交叉学科（Bonnell，2002；Zalewski，2000；程国栋，2008），其中，生态过程对水文的影响以及水文过程对生态系统的影响是生态水文学关注的两大核心内容（Porporato et al，2001；Wassen et al，1996）。水是湿地生态系统存在的物理基础，水文过程的变化主导着湿地其他相关过程，制约着湿地生态系统中的一切生命现象（陈宜瑜 等，2003）。水位波动，尤其是随之变动的淹水范围、淹水频率和淹水历时等因素，对湖泊洲滩湿地生态系统结构和功能具有决定性作用（Wantzen et al，2002；Wilcox et al，2002）。2002 年在匈牙利召开的浅水湖泊会议指出：水位波动是湖泊水环境和水生态系统状态和功能最重要的环境驱动因子（Coops et al，2003）。2008 年 *Hydrobiologia* 出版的"水位波动生态效应"专辑进一步指出：深入研究湖泊水位波动与洲滩湿地植被动态变化之间的关系是当前亟待解决的科学问题（Leira et al，2008）。

二、鄱阳湖湿地具有重要的生态功能

鄱阳湖是中国最大的淡水湖，也是长江中游重要的自然通江湖泊之一，其上游承纳自身流域内的赣、抚、信、饶、修五河来水，调蓄后经北部湖口注入长江（王苏民 等，1998）。在季风气候以及独特的河湖水系格局共同影响下，湖泊呈现季节性水位波动现象，平均年内水位变幅达 11.01 m（$p<0.001$），形成"洪水一片，枯水一线"的独特景观。在其独特的水位波动情势下，其洲滩形成面积约 2 262 km² 的广阔湿地（刘青 等，2012），具有极其丰富的湿地植被资源（黄金国 等，2007）。鄱阳湖湿地被首批列入《世界重要湿地名录》（Ramsar Convention Secretariat，2010），是国际重要的白鹤、东方白鹳等珍稀水禽全球最大种群的越冬场所。鄱阳湖区湿地在涵养水源、调蓄洪水、维持生物多样性、营养物质循环以及为生物提供栖息地等方面发挥了巨大的生态功能，对调节长江中下游地区水量平衡与生物地球化学循环具有重要意义（王晓鸿，2005；朱海虹 等，1997）。

三、高水位变幅驱动的通江湖泊湿地独具特色

21世纪以来,国际水位波动的生态效应研究已经在广泛的地理区域和多类型湖泊深入开展(Jöhnk et al,2004;Taguchi et al,2009)。然而,在学术研究活跃的欧洲和北美,大多数湖泊有很长的被控历史,水位自然波动的湖泊存留极其少见(Wantzen et al,2008)。此外,典型地中海气候区湖泊的年内水位波动幅度仅在1~3 m之间(Coops et al,2003)。相比之下,我国长江中游迄今仍维持自然通江的两大淡水湖泊(鄱阳湖与洞庭湖),随湖泊水位季节性涨落形成的独具特色的季节性湿地景观,在国际上罕见,几千年季风气候形成的湖泊水位季节性剧烈波动、湿地生物对发生在不同周期的水位波动而长期形成的进化适应和响应机制独具特色,而国际上其他区域类似我国鄱阳湖这种在季风气候影响下具有剧烈水位波动特征且无水利工程调控的大型浅水湖泊湿地植被水文响应的研究鲜见报道,因此开展鄱阳湖洲滩湿地植被时空演化对水位波动的响应研究具有重要的现实意义。

四、江湖关系变化对通江湖泊湿地的影响是社会关注的热点问题

近年来,在降水丰枯变化和重大水利工程建设的综合影响下,长江中游江湖水系2006年夏秋季、2007年春秋季、2009年秋季、2010年秋冬季和2011年春季均出现了持续性的严重干旱,鄱阳湖出现了接近或超过历史最低枯水位(Gao et al,2014;Liu et al,2013;戴雪 等,2014;戴志军 等,2010;闵骞 等,2012;赵军凯 等,2011),水域和湿地生态系统面临威胁(Hu et al,2015;Zhang et al,2012)。江湖关系改变引起湖泊湿地水文条件发生变化,影响湿地植物的萌发和生长,进而改变珍稀候鸟栖息地生境和湿地生态系统的完整性和稳定性,近年调查已显示出湖泊水域及湿地生态系统结构和功能退化的迹象。据2011年春季鸟类调查,原先在浅水区取食的珍禽白鹤因鄱阳湖栖息地生境变化,首次被发现移到洲滩上寻找食物和栖息。为缓解鄱阳湖近年低枯水位对湖区生产和生活的影响,地方政府提出建设鄱阳湖水利枢纽工程的方案(葛刚 等,2010a;齐述华 等,2013;唐明,2010;王鹏 等,2014),引起了社会各界的广泛争议。为了回答江湖关系变化通过对湖泊水文情势的改变对鄱阳湖湿地生态系统的影响这一热点问题,当前亟须从过程和机理的角度研究洲滩湿地植被时空格局变化对水位波动的响应机制。

第二节　相关研究进展

一、湿地植被分类及生物量反演研究进展

植物是湿地生态系统的重要组成部分,在维持生态系统结构和功能方面起着非常重要的作用。相对于其他传统观测和反演的技术手段,遥感技术在湿地监测方面有着无法比拟的优势(刘明月 等,2015;李春干 等,2015)。近年来,遥感技术在湿地动态监测、湿地植物分类、湿地植物群落结构(叶面积指数、冠幅和树高等)、湿地生物量、湿地植物病虫害等研究领域应用广泛(孙永光 等,2013)。本研究着重于总结和分析近年来国内外利用多源遥感数据进行湿地植物识别和生物量定量反演的研究和实践,探寻目前这些研究的发展趋势和存在的问题,以期为湿地研究和湿地保护提供参考。

1. 遥感数据

遥感技术发展至今,根据不同的观测要求和设计目标,已经形成了许多不同类型的遥感数据。这些遥感数据的空间分辨率、光谱分辨率和时间分辨率存在差异,具体的侧重领域也各异。在湿地研究中,应该根据研究目的和条件选取合适的遥感数据,以达到预期研究目标的要求。

目前,普通的多光谱数据和高分多光谱数据使用较普遍。例如,来自 Landsat TM(ETM)、MODIS 和 SPOT 等的影像多波段或多时相数据,其优势是数据处理简单、性价比高和易获取。在可见光和近红外波段,Landsat 和 SPOT 影像数据能达到较适宜的 20～30 m 空间分辨率,在湿地植物的识别上通常能达到景观水平,适合二级湿地的动态监测,目前在湿地研究领域应用最多。

在鄱阳湖区湿地监测中,利用 Landsat TM 影像数据,目视解译的最佳波段组合方式为 TM4、TM3 和 TM2 波段,能够比较全面地识别湖区草洲、沙滩、泥滩、浑浊程度各异的水体等各种地物类型(谭衢霖,2002)。利用 Landsat TM 和 SPOT 数据,分别对北加利福利亚州的一块湿地中的灌木和草地进行成图,发现 Landsat TM 数据能更好地区分灌木和草地,但是两种数据都不能有效地区分草地内部的植物类型(Basham et al,1997)。利用 Landsat TM 数据、亚像元信息、专家知识和海岸带湿地植

物分布等先验知识,成功地对海岸带植物进行了分类(Zhang et al,2011)。利用不同时相的 Landsat TM 影像,对维多利亚和新南威尔士州的湿地植物进行分类,监测水体面积的变化,认为与航空摄影数据相比,Landsat TM 数据不适合湿地植物的精细分类,其在监测湿地水体变化中则更具优势(Johnston et al,1993)。

MODIS 影像数据的时间分辨率高,在湿地时间序列的研究方面具备优势。利用 MODIS 数据时间序列,开展了长江崇明岛东滩河口湿地植被的更替变化,证明 MODIS 数据可以应用于岸滩、河口湿地植被监测(Zhao et al,2009)。

Quickbird 影像属于高空间分辨率影像,其空间分辨率高达 0.61 m。利用 Quickbird 影像,识别 Hudson 河河口地区的 4 种植物组成的聚合植物群落,包括 3 种入侵物种,精度高达 83%、75%、76% 和 76%(Laba et al,2008)。

受其空间分辨率限制,MODIS 影像比较适合大范围的湿地植物监测,比如洲际和全球尺度,而 Landsat 和 SPOT 影像能满足普通精度要求的湿地植物成图要求,但无法在湿地植物群落层次上更加精细化地识别植物并成图,其成图覆盖范围也较小。

高光谱影像数据是指光谱分辨率小于 10 nm 的遥感数据,例如,美国宇航局的 Hyperion 光谱仪数据和欧洲空间局的 CHRIS(Compact High Resolution Imaging Spectrometer)数据等,其所包含的丰富波谱信息为湿地植物精细化成图提供了条件。Hyperion 传感器是第一台星载高光谱图谱测量仪,共有 242 个波段,光谱范围为 400~2 500 nm,光谱分辨率为 10 nm,地面分辨率为 30 m,幅宽 7.5 km。高光谱数据在识别湿地物种入侵方面应用广泛。例如,利用 Hyperion 数据,监测美国五大湖区的入侵物种芦苇(Phragmites australis)(Pengra et al,2007)。

目前,主要利用野外手持光谱仪和机载传感器获取高光谱数据。机载高光谱数据,例如 AVIRIS(Airborne Visible Infrared Imaging Spectrometer)数据,光谱分辨率高且空间分辨率也较高。利用 AVIRIS 高光谱数据,绘制美国大沼泽国家公园的植物分布图;利用航空摄影成像进行结果检验,发现美洲红树(Rhizophora mangle Linn.)的分类精度为 40%,荸荠草(Heleocharis dulcis(Burm. f.)Trin.)的分类精度达到 100%,沼泽中所有植物的总体分类精度为 66%,并监测出了航空摄影没有探查到的入侵物种的位置(Hirano et al,2003)。但是,高光谱遥感数据也存在数据处理复杂、难以获取和植物立体信息反映不足的问题(孙岩,2008)。

根据工作波段的差异,应用于湿地研究领域的遥感数据也可以分为光学遥感数据、红外遥感数据和雷达遥感数据。光学遥感和红外遥感的工作波段为可见光和红外波段,雷达遥感的工作波段一般为 1~30 mm。所以,光学遥感数据多用于湿地植物分类或成图,而雷达遥感穿透性好,故其数据在反映湿地植物立体信息和植被生物量估算方面更具有优势,但是合成孔径雷达(Synthetic Aperture Radar,SAR)遥感数据也存在反演生物量时比光学遥感数据受到的干扰因素更多的问题(张树文 等,

2013）（表1-1）。

表1-1 湿地研究中主要遥感数据源及其应用优势（王鹏 等，2017）

数据类型		优势	参考文献
多光谱数据	SPOT和Landsat遥感数据	空间分辨率适中，普通精度成图，能有效识别各种湿地类型，能识别灌木和草地，能识别水体	（谭衢霖，2002；Basham et al，1997；Zhang et al，2011）
	MODIS遥感数据	空间分辨率较低，适合大尺度的湿地宏观监测	（Zhao et al，2009）
	Quickbird遥感数据	高空间分辨率，能够识别湿地植物群落和入侵物种	（Laba et al，2008）
高光谱数据	Hyperion遥感数据	光谱分辨率高且空间分辨率也较高，能区分湿地植物	（Pengra et al，2007）
	AVIRIS遥感数据	光谱分辨率高且空间分辨率也较高，适合湿地植物精细成图	（Hirano et al，2003）
雷达数据	SAR遥感数据	提供的湿地植物立体信息更充足，有生物量反演优势	（张树文 等，2013）

2. 湿地植物识别

湿地植物是湿地生态系统功能和环境的重要指示物。利用遥感技术，识别湿地中的植物类型、植物群落分布和数量，是湿地管理的重要技术手段。在群落水平上，湿地植物及其特征难以被识别，主要有两方面原因。首先，相对于旱地生态系统明显的植物分层、分带现象，湿地生态系统环境复杂，导致植物单元呈现出短暂的过渡带和明显的分带特征，这使得植物的光谱特征和空间分布特征高度分异，从而增加了湿地植物识别的难度（Zomer et al，2009；Adam et al，2009）；其次，由于湿地中各种植物冠层的光谱反射率非常相近，并且植物下的土壤和水体及其其上的大气会降低植物的光谱反射率（Guyot et al，1990；Yuan et al，2006），而在近红外和中红外波段，水体的吸收效应尤其强烈。因此，提高湿地植物解译精度，如何选取或设计有效的植物分类算法，最大程度地区分湿地植物与泥滩、沙地、水体等，以及识别湿地植物类型，在湿地研究中至关重要。

（1）湿地植物遥感分类方法

传统的湿地植物分类方法主要为目视解译方法和监督分类方法（表1-2）。在监督分类方法中，常用的有平行算法、最小距离法和最大似然法等，其中，最大似然法是最常用的监督分类方法（Ozesmi et al，2002）。利用2002年Landsat影像数据和2010年ALOS影像数据，分别采用最大似然方法、最小距离方法和马氏距离方法3种分类方法，对盐城湿地珍禽国家级自然保护区核心区的两期影像进行图像分类，结果发现，在地物较为简单的沿海湿地，最大似然分类方法要优于其他两种分类方法

（雷璇 等，2012）。湿地植物的分类常需要先验知识，故非监督分类的效果并不理想（相栋 等，2011）。

表1-2　湿地植物遥感分类的主要方法（王鹏 等，2017）

分类方法		特点和优势	参考文献
传统分类方法	最大似然方法	充分利用先验知识，最常用的监督分类方法，适用于沿海湿地植物分类	（Ozesmi et al，2002；雷璇等，2012）
新兴分类方法	决策树方法	非参数方法，在湿地分类中，可以综合利用各种环境变量加以辅助	（Adam et al，2010；Crasto et al，2015）
	神经网络方法	大规模并行处理数据，效率高，中低分辨率湿地遥感图像	（Li et al，2015）
	遗传算法方法	随机自由，自适应调整搜索方向，中低分辨率湿地遥感图像	（Zhang et al，2012）
	基于对象方法	利用湿地目标地物的形状、纹理和尺寸等空间信息，分类稳定性较高，能适应湿地的变化特征	（Dronova et al，2015；莫利江 等，2012）
	支持向量机方法	高光谱数据处理效率高，对训练样本数量要求不高	（Heumann，2011；Mountrakis et al，2011）

新兴的湿地植物分类方法包括决策树（decision tree，DT）分类方法、分层分类法、模糊分类（fuzzy classification）方法、神经网络（neural network）法和遗传算法（genetic algorithm）、基于对象分类法和支持向量机方法（support vector machine，SVM）等。决策树分类的特点是基于非参数规则，所以可以在湿地植物分类时，综合各种变量，如坡度和土壤类型等（Adam et al，2010），从而提高解译精度。利用决策树分类方法，对 Mackenzie 三角洲水域进行分类，其分类精度超过了95%的人工解译精度（Crasto et al，2015）。人工神经网络能够大规模并行处理数据，并以分布式信息存储，具备良好的自组织、自学习能力，数据处理效率很高。遗传算法是一类借鉴生物界的进化规律（适者生存、优胜劣汰的遗传机制）演化而来的随机化搜索方法，其主要特点是直接对结构对象进行操作，自适应地调整搜索方向，不需要确定的规则。综合利用神经网络和遗传算法，对中低分辨率湿地遥感图像进行可视化和定量评价，发现无论是算法的效率还是解译精度都得到提高（Li et al，2015）。利用 AVIRIS 数据，在对美国大沼泽湿地植物成图时发现，将人工神经网络算法与基于对象纹理方法结合，可以极大地提高该湿地植物的分类精度（Zhang et al，2012）。大部分湿地都会周期性地被水淹没，导致湿地植物光谱特征发生变化，而面向对象的分类方法是通过一种影像多尺度分割的算法，分割时不仅依靠光谱信息，而且还充分利用目标地物的形状、纹理和尺寸等空间信息，在一定尺度下，生成相同或相似像元聚类图斑对象，

然后根据每一个图斑对象的特征进行分类,能较大地提高湿地植物分类的准确性和稳定性,使分类效率和分类精度得以兼顾(孙永军 等,2008;张秀英 等,2009)。综合广义主成分分析法和基于对象的多光谱和雷达影像数据,对鄱阳湖2007~2008年间的湿地植被实施动态监测,并比较精度,结果表明,对于动态的植被类型,基于对象结构的分类方法更快速、有效(Dronova et al,2015)。面向对象方法综合考虑了对象的光谱、空间、纹理、色彩等多种属性特征,因而对于类型复杂多样、分布界限模糊、光谱混淆与混合像元现象严重的沿海滩涂、湖泊和河流等湿地景观,具有更好的鉴别能力(莫利江 等,2012)。近年来,由于机器学习算法的飞速发展,基于机器学习的支持向量机算法,在处理高维度遥感数据特别是高光谱数据的分类效率比传统方式要高(Melgani et al,2004)。将决策树分类方法与支持向量机分类方法相结合,基于对象分类方法,将海岸带的灌木与其他繁密的植物分离开来,总体精度达94%(Heumann,2011)。支持向量机方法的优点是对训练样本数量要求不高,其对于模型参数分配的问题也制约了分类精度的提高(Mountrakis et al,2011)。这些研究表明,不同的湿地类型植物结构条件和环境条件都不相同,所适用的分类方法也自然存在差异,往往需要根据实际条件,选取最适合的分类方法或者综合几种分类方法,进行分类,才能得到最佳的分类效果。

（2）多源遥感数据在识别湿地植物类型中的应用

在多源遥感数据识别湿地植物类型的大量研究和实践中,常用的主要有两种方式:一种是非融合方式,即以某种单一源遥感数据为基础,其他数据为参考,进行验证或校正,以提高解译精度(张宝雷 等,2008);另一种方式是通过一定的数据融合技术(表1-3),实现湿地植物信息的提取。在非融合方式方面,将航空影像数据与卫星遥感数据相结合,普通遥感数据与无人机拍摄影像相结合等。例如,利用Landsat TM、ETM+数据和高空间分辨率的Quickbird数据,利用GIS技术,研究Kattankulathur地区各种湿地植物类型的动态演替过程(Sivakumar et al,2015)。利用Landsat TM和SPOT数据以及大尺度的航空摄影图像,分别对澳洲北部区域的一块湿地的植物进行成图,通过人工解译发现,航空摄影图像精度高达89%,而Landsat TM和SPOT影像不能够提供湿地植物的细节信息(Harvey et al,2001)。虽然航空摄影图像的解译精度高,但是其价格昂贵,周期性长,不能实时监测,所以其在湿地研究方面的应用并不多见。低空无人机(unmanned aerial vehicles,UAV)遥感系统具有数据采集灵活、低成本且可快速获取超高分辨率的多光谱影像的特点,所以利用无人机获取的数据,对普通多光谱遥感数据进行细化,无疑会提高湿地植物解译的精度。利用无人机 Aggie Air™,获取犹他州北部的一块大型湿地的高分辨率(时间、空间)的多光谱图像,定位入侵物种芦苇的位置及其数量,精度达到95%(Zaman et al,2011)。在数据融合方面,例如,将Landsat和SPOT影像等多波段遥感数据与高空间分辨率如

ASTER和IKONOS的全色波段影像数据进行融合、光学遥感数据与雷达影像数据融合、高光谱数据与高分数据融合等。高分数据与普通的多光谱数据融合是常用的数据融合方式,两者的结合能有效地克服普通多光谱数据在湿地植物细节成图上的不足,且较易实现。利用SPOT5、CBERS和ASTER影像数据,首先对单一源的遥感数据进行专题提取,然后基于专家知识进行决策级植被信息融合,从而提高了湿地植被信息的提取精度(高晓岚 等,2008;章恒 等,2015)。雷达数据能弥补光学影像数据在湿地植物立体信息上的不足,光学遥感影像与雷达遥感影像融合,能得到较好的湿地植物成图效果。基于像元水平,融合了CASI(compact airborne spectrographic imager)和LiDAR影像数据,对Waal河的河漫滩植物进行分类,融合后的图像比分别单独用CASI数据和LiDAR数据的分类精度提高了7%和40%(Geerling et al,2007)。利用Radarsat影像和SPOT影像融合数据,采用最大似然分类法,分离出6种湿地植物类型,取得了较高的精度(Jessika and Alain,2005)。近年来,随着高光谱遥感卫星技术的发展,其丰富的光谱信息使得湿地植物分类走向精细化成为可能,应用高光谱数据识别湿地植物类型成为研究热点(柴颖 等,2015;宋仁飞 等,2014;韦玮,2011),将高光谱数据与高分辨率的数据融合,可以克服高光谱数据的空间分辨率低、难以获得湿地植物面积和群落景观信息的弱点,从而极大地提高湿地植物分类解译精度。例如,首先,基于像元将20 m分辨率的AVIRIS高光谱数据和1 m分辨率的DOQQs(digital orthophoto quarter quads)图像进行融合;然后,综合采用随机森林和支持向量机分类算法,对美国大沼泽海岸带的9种植物进行分类,总体精度达到90%(Zhang et al,2014)。

表1-3　多源遥感数据在湿地研究中的组合方式(王鹏 等,2017)

	多源遥感数据应用方式	应用特点及优势	参考文献
非融合	Landsat影像、Quickbird影像	多时相与高分辨率结合,湿地植物类型的动态演替	(Sivakumar and Ghosh,2015)
	Landsat影像、SPOT影像和航空摄影图像	大范围,代价大,不易操作	(Harvey and Hill,2001)
	无人机多光谱数据、普通多光谱数据	数据采集灵活、低成本、精细化湿地成图	(Zaman et al,2011)
图像融合	SPOT5、ASTER和CBERS影像	简单易实现,细节成图	(高晓岚 等,2008;章恒 等,2015)
	雷达与光学遥感影像	获取湿地植物立体信息更丰富,提高生物量反演精度	(Geerling et al,2007;Jessika and Alain,2005)
	高光谱与高分影像	精细化成图,获取湿地植物信息丰富,但处理较困难	(Zhang and Xie,2014)

3. 湿地植物生物量反演

生物量一般是指某一时刻单位面积内实际存在的生物有机物质总量（干质量）（包括生物体内所存食物的重质量），通常以 kg/m² 为单位。湿地植物生物量是衡量湿地生态系统健康的重要指标，是湿地生态系统资产测算的重要参数（潘耀忠 等，2004）。传统的湿地生物量测算方法是样方法（Vermeer et al，1983；Daoust et al，1998），即实际选取采样点，在每个采样点设置若干个样方，再对每个样方进行称质量和统计，最后得出整块湿地的植物生物量和各种植物类型的生物量。样方法人为操作性大，选取的采样点具有主观性，而且由点至面常会造成估算结果不准确。而基于遥感技术的模型法，则弥补了这些不足，为研究区域尺度湿地植物生物量提供了快速、有效的途径（Cui et al，2005）。目前，用于湿地植物生物量的估算模型种类可以分为光学遥感模型（主要是植被指数模型）、雷达模型（主要是合成孔径雷达 SAR 和激光雷达 LiDAR）和遥感物理模型等。

（1）植物生物量反演模型

植被指数是反映地表植被覆盖度、生物量等的间接指标（程红芳 等，2008），因此，可以建立湿地植被指数与植物生物量的线性或非线性统计模型，估算湿地植物生物量。例如，简单的线性模型、指数模型和多项式模型（Lu，2006；Goward et al，1985）。目前，运用较广泛的植被指数有比值植被指数（ratio vegetation index，RVI）、差值植被指数（difference vegetation index，DVI）、归一化植被指数（normalized difference vegetation index，NDVI）（Pearson et al，1972；Richardson et al，1977；Rouse，1974）。植物光谱受其自身条件、环境条件和大气状况的影响，在增强植物信息的同时，可以使非植物信号最弱化，一些修正型的植被指数被构建。例如，土壤调整指数（soil-adjust vegetation index，SAVI）（Huete，1988）、改进型土壤调整植被指数（modified soil-adjust vegetation index，MSAVI）（Qi et al，1994）、垂直植被指数（perpendicular vegetation index，PVI）（Richardson and Wiegand，1977）、大气修正植被指数（atmospherically resistant vegetation index，ARVI）（Kaufman et al，1992）和改进型的土壤大气修正植被指数（enhance vegetation index，EVI）（Liu et al，1995）。目前，国内外出现的针对不同研究目的和研究条件的植被指数已经有 40 多种（田庆久 等，1998），实际上，在估算植物生物量时，常对这些植被指数有所选择，以达到最佳反演精度。例如，李素英等（2007）利用 TM 影像数据，建立了 5 种植被指数 NDVI、RVI、SAVI、MSAVI 和 RSR（reduce simple radio vegetation index）与中国北方地区的典型草原植物地上生物量的回归模型（线性、对数、二次多项式和三次多项式模型），其中，用 NDVI 建立的植物生物量回归模型优于用其他植被指数建立的模型。Mutanga 等（2012）利用 World-View-2 影像数据，得到大圣卢西亚湿地公园（iSimangaliso Wetland Park）植物的 NDVI，并利用随机森林回归法，预测了 iSimangaliso 湿地公园的植物生物量，研究发现，植物生物量与温度显著相关。Dabrowska 等（2002）利用 AVHRR 影像数据，计算出温度状态指数（temperature condition index，TCI）和比植被状态指数（vegetation condition index，VCI）估算出的作物产量更为精确。Zhang 等（1997）在研究美国圣巴勃罗湾盐碱湿地时发现，用植被指数（vegetation index，VI）和大气修正植被指数估算出的海蓬子（*Salicornia europaea* L.）冠层生物量精度最好，用土壤调整指数和土壤修正植被指数估算出的互花米草（*Spartina alterniflora* Loisel.）冠层生物量最好；Pinty 和 Verstraete（1992）用全球环境监测指数（global environment monitoring index，GEMI）对海三棱藨草（*Scirpus mariqueter*）生物量的估算精度最高。所以，针对不同湿地的特殊环境条件和植物类型特征，植被指数是否选取得当，常常决定反演目标量的精度，有时为了得到最佳的反演结果，需要综合利用各种植被指数。

湿地植物总生物量包括其地上生物量、地下生物量和凋落物（王树功 等，2004），而光学遥感受制于自身波长范围的局限性，对湿地植物茎、地下生物量和凋落物反映不足。随着遥感技术的发展，雷达遥感在实现中大尺度植物生物量反演中的作用愈加凸显。相对于光学遥感，雷达遥感的波长较长，因而具备较强的穿透性，能获得植物冠层高度等立体信息（Su et al，2011）。利用雷达影像的后向散射系数与植物生物量间的关系，建立二者的统计模型，从而估算出植物生物量。目前，已经建立的后向散射系数与植物生物量之间关系的模型有线性或非线性模型、分析性模型（Kurvonen et al，1999）和遗传算法模型（Holland，1975）等。线性模型简单易实施，但是，由于模型的参数过少，导致估算精度较差。分析性模型的优点是提供了清晰的思路去理解后向散射的物理机制，但是，由于方程复杂，难以用传统方法确定出方程中的参数值。遗传算法是利用适应度函数确立最小误差的参数组合，最后得到最优参数值。

遥感物理模型（Zhang et al，2015），如光能利用模型和遥感生态过程模型，也可以实现反演植物生物量。研究结果表明，植物净初级生产力与植物吸收光合有效辐射显著相关，因此，建立了二者的线性或非线性模型，估算出植物生物量。目前，主要的光能利用模型有 CASA 模型、C-FIX 模型和 GLO-PEM 模型等。光能利用模型经常被用于全球尺度的植物生物量反演。例如，利用多角度 POLDER 数据，引入聚集指数、角度指数，对北半球森林的植物净初级生产力进行了反演（Chen et al，2003）。此外，还可以将光能利用模型用于区域湿地植物生物量反演（Potter，2010；Ahl et al，2004），但是，由于区域尺度的最大光能利用率存在差异，从而导致湿地植物净初级生产力的估算精度不高。遥感生态过程模型是通过遥感技术获取地表植物信息和相关生物物理参数（如光合有效辐射吸收比率、地表植物类型、植被状态指数、温度和土壤水分等），通过对土壤—植物—大气系统各层物质、能量交换的分析，建立模型，估算植物净初级生产力。常见的生态过程模型有 CENTURY、TEM、

DNDC 和 BIOME-BGC 模型等（王继燕 等，2015）。由于该种模型比较复杂，参数较多，且一些参数不易获取，因此其实际应用很有限（Zhou et al，2009；Zhang et al，2009；冯险峰 等，2004）。

（2）多源遥感数据在湿地植物生物量反演中的应用

由于光学遥感的穿透性不足，获取的主要是湿地植物的水平结构信息；雷达遥感则可以获取湿地植物的冠层高度，还可以利用后向散射系数，估算植物生物量，但是，当植物冠层密闭或生物量较高时，其信号易饱和，对植物生物量变化响应的敏感性大大降低，从而限制了其在区域生物量估算中的应用。所以，将雷达数据，如激光雷达数据与高光谱数据融合，进行植物生物量反演，能提高反演精度。例如，利用融合高光谱分辨率影像和机载 LiDAR 点云数据，反演出地表植物生物量的精度比单独使用高光谱影像或者 LiDAR 影像时更高（Swatantran et al，2011）。利用融合机载 LiDAR 数据和机载高光谱数据，反演滨海湿地植物生物量时，根据植物类型分别估算生物量，比估算植物总生物量精度高（虞海英，2015）。也有学者融合普通多光谱卫星数据和融合多光谱数据与合成孔径雷达数据，进行湿地植物生物量反演。例如，解平静（2012）建立高空间分辨率 Landsat TM 数据向低空间分辨率 MODIS 数据的尺度转换方法，利用转换后的植物生物量，对利用 MODIS 数据估算的湿地植物生物量进行校正，最终估算出柴达木盆地乌苏美仁大草原湿地的植物生物量。王庆等（2010）利用融合 Landsat TM 影像和 ENVISAT ASAR 数据，估算出鄱阳湖湿地植物生物量为 2.1×10^9 kg。

4. 多源遥感数据在湿地研究中的优势与缺陷及研究展望

（1）优势与缺陷

利用多源遥感数据提取湿地植物信息的应用前景广阔。首先，利用多源遥感数据能够弥补某一种遥感数据的不足，发挥不同遥感数据源的优势，从而提高遥感数据的可应用性，取得最佳的监测效果；其次，多源遥感数据融合后，能够兼顾遥感影像的空间分辨率、光谱分辨率或时间分辨率，这对精细化的湿地植物分类至关重要；最后，利用多源遥感数据提取湿地植物信息，有利于提高图像的空间分辨率、增强专题识别能力、提高分类精度和应用效果、提供分析变化监测能力以及替代或修补图像数据缺陷等方面的优势。

同时，利用多源遥感数据提取湿地植物信息存在一些缺陷。例如，多源遥感数据在湿地植物生物量模型研究方面相对薄弱。湿地植物生物量测定未能标准化，植物地下部分生物量测定误差较大，而且相对于其他生态系统，建立湿地生态系统植物生物量估算模型要更复杂。目前，湿地植物生物量估算模型的建立主要还是在现有的植物生物量反演模型上再增补描述湿地植物的生理生态模块，但专门针对湿地生态系统建立的模型仍然比较少。由于湿地植物分类体系的不同，甚至对同一块湿地亦是如此,造成大多数研究之间无对比性,另外,多源遥感也不能彻底解决混合像元的问题,这些都是影响反演精度的问题,也是需要克服和改进的问题。

（2）研究展望

利用多源遥感数据提取湿地植物信息的精度取决于湿地光谱特征的基础研究、遥感数据源的选取和数据融合技术或理论的发展等方面,因此,解决好这些问题也是未来湿地研究的方向和发展趋势。

在利用多源数据提取湿地植物信息时,提取精度很大程度上取决于数据融合方法的选取。基于高层次的融合,如要素水平和决策水平的融合,可以提高图像的分类和提取精度。模糊理论和可能性理论以及神经网络、支持向量机等其他机器学习理论,会被运用到高层次的数据融合技术中,这无疑会提高湿地植物信息的提取精度,是未来的研究方向。

目前针对湿地植物的研究,无人机摄影和普通多光谱遥感数据或高光谱遥感数据的结合并不多见,相信未来随着数据融合技术的发展,特别是在高空间分辨率融合数据的平滑以及定标问题上取得进步,无疑会推动区域尺度上的湿地成图向精细化发展。

在利用多源遥感数据提高湿地植物的识别精度和生物量反演精度的基础上,将多源遥感数据与基础地理数据、湿地监测数据、统计调查数据相结合,则能取长补短,进一步提高湿地植物信息的提取精度和效率。

建立湿地植物类型的光谱特征数据库,这能够使得未来湿地植物分类和生物量等其他参数的反演走向精确化、系统化和高效化。将数据同化方法应用在湿地植物生物量模拟中,能够很好地利用多源数据,尽可能消除数据本身及模型模拟过程中所产生的误差,为湿地生态系统碳循环模拟预测研究提供了新的思路,是湿地植物生物量反演研究的重点方向之一。

二、水位波动对湿地植被影响的研究进展

19世纪以前,国际上关于水位波动的洲滩湿地生态效应研究较少,因为在学术研究活跃的欧洲和北美地区,大多数湖泊有很长的被控历史而水位自然波动的湖泊存留较少。进入20世纪以后,一方面由于在全球气候变化背景下控湖工程对湖泊水位波动的影响加剧,威胁到洲滩湿地生态系统安全;另一方面,发展中国家学术水平以及生态文明发展的需要均日益提高,使得水位波动对洲滩湿地植被影响的案例研究持续增长（Leira et al,2008）。2002年在匈牙利召开的浅水湖泊会议指出:水位波动是湖泊水环境和水生态系统状态和功能最重要的环境驱动因子（Coops et al,2003）。2008年 *Hydrobiologia* 杂志出版的《水位波动生态效应》专刊进一步指出:深入研究水位波动与洲滩湿地植被动态变化之间的关系是目前亟待解决的科学问题

（Leira et al，2008；Wantzen et al，2008）。以上学术活动均推动了湖泊水位波动对洲滩湿地生态系统影响的研究前所未有的发展。进入 21 世纪以来，国际水位波动的生态效应研究已经在广泛的地理区域和湖泊类型深入展开，西欧最大边境淡水湖康斯坦茨湖、中欧巴拉顿湖以及日本琵琶湖等均因存在显著的水位波动现象以及发育良好的洲滩湿地而成为典型的研究区域，并已开展大量国际合作研究（Jöhnk et al，2004；Taguchi et al，2009）。

1. 水位波动对湿地植被影响的研究内容

目前关于水位波动对湿地植被的影响研究主要集中在以下三个层面。首先是水位波动对湿地植被在物理水平的影响，包括水位波动对植被生长基底的物理扰动、地形改变以及土壤性质的改变，同时还涉及水位波动通过对影响温度条件、水质梯度对植株生长状态产生的影响等。其次是水位波动对湿地植被在群落水平的影响，主要包括水位波动对特定植物群落生物量、多样性、物种丰富度等特性的影响。最后是水位波动对湿地植被在生态系统水平的影响，主要从湿地植被不同群落对水位波动干扰的耐受和敏感性差异角度出发，研究水位波动环境下湿地生态系统物种组成、空间结构和演替动态的变化。

（1）水位波动对湿地植被在物理水平的影响

为了更好地理解水位波动对湿地植被的影响机制，许多案例研究尝试从植物生理、生态等多个角度揭示水位波动对湿地植物的物理扰动。水位波动对湿地植被在物理水平的干扰直接体现在其对地形地貌条件的改变，如改变泥沙的侵蚀、搬运、沉积过程，及对沉积物及悬浮泥沙的生物化学组成的改变，即波浪作用对基底砂质或粉砂质的移动将显著减少基底有机质含量，进而影响湿地植物生境条件（Furey et al，2009）。此外，已有研究结果表明，水位波动会通过改变水体透明度、光照强度而极大地限制沉水植物群落分布的水深范围，进而造成浮游、近岸生境主要生产区域的分布变化（Loiselle et al，2005）；水位波动过程中的淹水状态会影响植株叶片的腐烂速率，进而影响凋落物分解及土壤化学成分（Pabst et al，2008）；水位波动造成的淹水、出露交替造成的温度波动是湿地植物种子萌发的重要条件，实验证明许多湿地植物的种子需要经过变温处理才能萌发，过渡旱化和地表水长期留存均会显著抑制湿地植物种子的萌发（王晓荣 等，2010；王晓荣 等，2012）。

（2）水位波动对湿地植被在群落水平的影响

目前已有许多学者通过湿地典型植物群落的分布及动态变化来讨论水位波动对湖泊生态系统的影响。20 世纪末期的大量研究揭示了欧洲近 60 个湖泊湿地因极端洪水事件的发生导致芦苇群落分布面积显著减少的现象（Brix，1999；Ostendorp，1989），其可能机制包括湖体温度升高导致芦苇病原菌腐霉传播加速（Nechwatal et al，2008）、淹水时间延长导致厌氧环境对根际微域氨基酸组成的改变促使芦苇地下茎新陈代谢的改变等(Koppitz et al,2004)。也有研究表明,极端低水位下新裸露的区域有可能促进芦苇等挺水植物的膨胀(Hannon et al,1997)。此外,湿地典型植物对水位波动响应的研究还涉及苔草群落、假俭草群落以及其他湿地植物群落类型。有研究表明,苔草群落、假俭草群落对水位干扰的敏感性偏低、苔草-藜草群落则对水位干扰的敏感性偏高,而南荻群落水位波动耐受范围较窄,适宜偏旱环境生存(Zhang et al,2012;张丽丽 等,2012;黄群 等,2013)。

(3)水位波动对湿地植被在生态系统水平的影响

不同植被群落对水位波动的耐受性和敏感性不同,导致整个湿地生态系统物种组成、空间结构和演替动态在水位波动下出现显著的差异。水位波动对湖泊湿地植被生态系统水平的影响研究十分活跃,很多案例研究均表明,未控湖泊在其各个水深梯度均可以支撑结构更多样的植物群落,而被控河湖水系因水位波动的减小而生物多样性降低,洲滩湿地生态系统物种构成向单一化、均匀化发展(Coops et al,2002;Graf,2006;Riis et al,2002;Wilcox et al,1992)。极端的洪水或干旱事件会对生态系统生物多样性造成灾变性的影响(Bond et al,2008),极端低水位下新裸露的区域有可能促进挺水植物的膨胀,极端水位波动变化可能为物种入侵创造条件(Hannon et al,1997;Wei et al,2006)。

关于水位波动对湿地生态系统演替动态的影响,有研究表明,水位波动淹水历时延长造成的高水位可以抑制多数超越种萌发,旱化时间延长造成的低水位则可以促进超越种从种子和一年生草本植物重构为建群种,水深耐受性是超越种优势度乃至整个湿地生态系统物种组成的决定因素(Casanova et al,2000)。此外,也有相关研究通过不同淹水节律下湿地土壤种子库物种组成变化探讨水位波动对湿地植被群落物种组成的影响(Yuan et al,2013)。

2. 鄱阳湖水位波动对湿地植被影响的研究进展

鄱阳湖湿地是典型的水陆界面频繁交换的湿地,其洲滩植被生长茂盛、覆盖度高,且典型植被群落垂向发育演化极为明显,是湿地植被对水位波动响应研究的理想场所。目前,针对鄱阳湖湿地水位波动响应的研究主要集中在三个方面:鄱阳湖水情特征的变化规律研究,鄱阳湖湿地植被分布的时空变化规律研究,以及鄱阳湖湿地植被分布的水文驱动机制研究。

(1)鄱阳湖水情特征的变化规律研究

对于鄱阳湖水情特征的研究工作,在20世纪90年代主要集中在水情长时间序列的年际变化上,且因这一时段鄱阳湖区极端洪水事件频发,因此洪水遭遇规律的研究是这一时段鄱阳湖水情研究关注的主要问题(郭华 等,2007;闵骞 等,2002)。进入21世纪的前10年,随着全球气候的变化和上游水利工程的建设,鄱阳湖区水情呈现偏干的趋势,且季节性干旱的程度加剧,因此,鄱阳湖区水情研究的视角向枯水径流演变特征转变(李世勤 等,2008;闵骞 等,2012)。此外,2003年三峡工程运行,通过改变江湖交互作用影响鄱阳湖水情,使得江湖关系研究成为鄱阳湖区水文研究的又一热点(万荣荣 等,2014;郭华 等,2011;戴雪 等,2014)。

目前研究中鄱阳湖水情多以特定时期(年、月、季)代表站的平均水位刻画,很少涉及对水文波动过程的描述,而淹没/出露的频率是水位波动作用于湿地植被的重要机制。因此,全面细化地衡量水位波动过程,而不是仅以均值衡量平均水情在湿地植被水位波动响应分析中具有重要的意义。此外,目前研究中水文周期的衡量主要立足于年尺度或月周期,而对季节尺度和旬尺度的水情研究较少。因此,增强水情衡量周期与植被生长周期的匹配程度对于认识鄱阳湖湿地植被对水位波动的响应具有重要科学意义。

(2)鄱阳湖湿地植被分布的时空变化规律研究

鄱阳湖水位的周期性变化引起了其洲滩出露面积的变化,进而导致了湿地植被分布面积、生物量、多样性等在时间和空间上的剧烈变化(王庆 等,2010;李健 等,2005;雷声 等,2011;叶春 等,2013)。湿地不同群落分布面积、生物量和多样性的时空变化则会进一步引起湿地植被空间分布格局的变化,导致湿地生态系统发展演替进程或方向的改变。已有研究表明,鄱阳湖湿地处于正向演替中,表现为湿地草洲向湖心方向拓展的趋势(余莉 等,2010;吴桂平 等,2015)。也有研究得出鄱阳湖湿地存在高滩湿地植被退化,水陆过渡带植物生物多样性减少,新出露区域水生植被退化以及局部沉水植被类型发生大面积的演替等结论(余莉,2010;游海林,2014)。

(3)鄱阳湖湿地植被分布的驱动机制研究

水位波动现象可以通过多种途径对湿地生态系统产生直接或间接的作用。水位波动对湿地生态系统健康和完整性的影响可以通过间接作用,即水文条件通过对动植物生境或栖息地其他环境因子造成的潜在混合效应作用于湿地植被。已有部分研究对影响鄱阳湖洲滩湿地植被分布的环境因子进行观测与分析。目前对湿地植被立地条件因子的研究主要集中在地下水位、土壤含水量、土壤养分(包括总氮、总磷、有机碳等营养元素)、土壤酶活性以及其他土壤理化性质(包括土壤质地、透水性等),还有土壤微生物群落结构等方面(Wang et al,2014;王晓龙 等,2011;李爽,2014;胡维 等,2012;董磊 等,2014;雷婷,2008;张全军 等,2012;张静,2006;许秀丽 等,2014)。董磊等人(2014)认为土壤pH、全钾含量是影响植被分布的重要土壤环境因子。许秀丽等人(2014)认为土壤含水量是影响鄱阳湖湿地植被分布的最主要因素。

许多研究直接对影响鄱阳湖洲滩湿地植被分布的水文数据进行分析(Hu et al,2015;Zhang Q et al,2012;余莉 等,2011;张丽丽 等,2012)。张萌(2013)等人认为,丰水期高水位会导致潜水型湿生植物受高水位胁迫而分布减少,因而沉水植物、浮叶植物占优;枯水期以藜蒿、灰化苔草占优,中高位草滩以中生、湿生植物类群占优;平水期洲滩苔草属植物和藜蒿的地上部分生物量在水位梯度上变化显著。余莉等(2010)认为鄱阳湖区芦苇群落分布面积与水域面积呈正相关,其可能机制是水域面积扩大抬高地下水位,为高位滩地的芦、荻等挺水植物提供了更好的水分条件。

目前的研究只能揭示植被分布特征与营养元素分布特征的相关性,并不能揭示二者之间的因果关系,因为已有大量研究结果表明,湿地植被分布对土壤中氮、磷、有机碳等营养物质的含量有显著影响,即植被生长对营养元素具有富集作用(Liu et al,2000)。葛刚等人(2010b)研究表明,鄱阳湖湿地不同植物群落土壤的有机质、全氮含量存在差异,植被类型影响洲滩有机质和氮素含量的分布。因在水位波动主导的湿地植被生境中,水位波动的物质和能量可以对湿地植被个体植株发生直接物理作用。此外,环境因子的梯度分布取决于水位波动导致的水分梯度,如随植被群落带离湖泊水体距离逐渐减小,土壤中速效钾含量有增大的趋势(董磊 等,2014)。所以,直接研究湿地植被与水位波动变量的关系,可以揭示出湿地植被对水位波动最直接的响应行为。

3. 水位波动对湿地植被影响研究方法的进展

目前,国内外在针对水位波动的湿地生态效应问题的研究方法上已经取得了一定进展,关于研究方法的进展主要体现在4个方面:水位波动衡量方法的研究进展,湿地植被资料采集方法的研究进展,湿地植被水位波动响应机制研究方法的进展,以及湿地植被水位波动响应的模型研究进展。

(1)水位波动衡量方法的研究进展

水位波动是一个复杂的过程,包含波幅、时刻、持续时间、频率等多个参数,同时自然界水位波动还分为周期性波动(如季节性涨落水湖泊)和非周期性波动(如洪水和干旱)两种类型(Wantzen et al,2008;姚鑫 等,2014)。周期性水位波动以高水位和低水位的反复交替出现为特征,对整个湿地的植被组成及分布有决定性作用(Keddy et al,1986)。自然状态的水位波动可以发生在从秒到数百年不等的时间周期(Hofmann et al,2008),高低水位交替变化有利于维持湿地生物多样性、有利于R策略物种的生存的结论已经成为生态学界的共识(Riis et al,2002),而相关研究表明,水位波动幅度和周期持续的长短不同时,水位波动对湿地植被的影响效果也存在明显差别(Blanch et al,1999)。非周期性的水位波动以长期洪水或长期干旱为主,导致湿地向水生或陆生生态系统转变,这种极端水位波动将导致湿地生态系统状态的突发转变(Bond et al,2008),湿地生态系统原有的平衡状态因水位波动阈值的突破而被打破,洲滩湿地生态系统会发生质的变化。尽管水位波动现象对洲滩湿地生态系统产生影响已得到广泛认同,但如何识别影响湿地植被变化的关键水位波动参数和变量仍有待于进一步研究。

Richter 等人（1996，1998）提出 IHAs（Indicators of Hydrologic Alteration）水位波动衡量体系，涉及月平均水情，年极端水情，年极端水情出现时间，高、低脉冲频率和持续时间，水情变更速度和频率 5 个方面共 25 个水文指标。Yin 等人（2012）在 IHAs 的基础上，采用 Earth Mover's Distance 方法量化水位波动模式间的差异。叶春等人（2013）则采用不同水位的持续长短（d，即天）及起讫时间（DOY，Day of Year，即年积日）两个指标的组合对退水期水位波动过程进行衡量。然而，目前为止，水位波动模式的衡量及其对自然水位波动模式偏离程度的表征仍缺乏可靠稳健的变量（Marttunen et al，2001；Carmignani et al，2017）。

（2）湿地植被资料采集方法的研究进展

湿地植被资料的采集方法目前主要有实地植被调查以及遥感解译两种。实地植被调查结果有较高的精度，可以同时监测多个植物生理生态指标及立地条件因子，但湿地植被调查的总体精度受采样点数量的限制，因而苛求大量数据，耗费人力物力，且此测定技术对湿地生态环境有一定干扰和破坏，主观性强，准确性低，时空间同步性低。随着遥感技术的发展，湿地植被资料的采集更为经济、高效，且遥感反演方法其标准化的分类过程可确保结果的一致性和客观性（李仁东 等，2001；陈水森 等，1998）。而且，近年来，在湿地植被类型遥感解译方法方面以及湿地植物生物量等指标的定量反演上也取得了一定的进展（Liu et al，2012；王鹏 等，2017）。

（3）湿地植被水位波动响应机制研究方法的进展

湿地植被水位波动响应机制研究的方法目前主要有两种，其一是微观控制实验方法，其二是采用遥感解译或反演方法，进行基于景观尺度的水位波动湿地生态效应研究。微观控制实验方法通过单因素控制量化水位波动的影响结果，对于机理研究有其独特的优势，但因湿地植被生态系统中植被群落间相互作用取决于空间和时间尺度，单纯的控制实验因缩小的空间范围、缩短的时间尺度以及切断的相互联系而在解释复杂生态系统中存在缺陷。而采用遥感解译方法，基于景观尺度的湿地分类体系简单直观，是对复杂生态系统的简化处理，在反映水位波动造成的湿地植被生态系统变化趋势方面具有独特的优势。

（4）湿地植被水位波动响应的模型研究进展

现阶段成熟的常用统计方法，如聚类分析、典型相关分析等在湿地植被水位波动响应研究中广泛采用（Hudon et al，2006）。因水位波动驱动的湿地生态系统动力学理论研究的不成熟，基于生态过程的湿地植被水位波动响应的模型研究较少，目前仍没有开发出令人满意的综合湿地生态系统动力学模型。已有的湿地植被水位响应模型多基于特定地域开发，其变量衡量指标构建的区域性阻止了模型的进一步推广和应用，如 REGCEL 模型（Hellsten et al，2002；Keto et al，2008）是基于芬兰北部气候区湖泊设计的包括湿地典型植物、底栖动物、鱼类、水流和景观娱乐等 5 个变量

16个指数的湖泊生态系统水位波动响应模型,能全面反应水位波动对湖泊洲滩湿地生态环境以及水生态环境的影响,此模型中通过春季洪水等级这一指标衡量水位波动对洲滩湿地典型植物的分带和沼泽化的影响,通过冬季水位下降幅度指标来衡量水位波动对降温敏感的湿地典型植物的影响。此外,为避免陷入烦杂的案例研究中,普适的湿地植被水位波动响应模型探索目前也比较活跃,已有学者由一般的湿地植物生长及水文生态过程出发,基于CSR理论(Grime,1979),提供了预测不同水位波动模式下湿地植物响应状态的模型结构框架,其具体方法为综合考虑水位波动干扰与不同类型湿地植物的生存能力,以预测高、低水位波动模式下各湿地植物种类的组合状态(Abrahams,2008)。

4. 存在问题

虽然湿地植被水位波动响应研究目前已取得了一定的进展,但就鄱阳湖区湿地植被水位波动响应研究现状而言,仍存在以下几个亟待解决的问题:(1)湿地植被对水位波动的响应具有滞后性,如何深入考虑多周期水位波动过程,识别影响湿地植被时空格局演变的关键性水位波动变量是当前鄱阳湖区湿地植被对水位波动响应研究的难点;(2)水位波动是离散在不同时间周期的水位升降波动行为,其模式的衡量以及其对自然水位波动模式偏离程度的表征目前仍缺乏可靠的稳健变量;(3)针对地貌类型多样、空间异质性显著的鄱阳湖湿地,尚缺少考虑空间差异在内的湿地植被水位波动响应研究;(4)如何建立科学的水位波动对湿地植被面积及分布的影响模型,定量揭示湖泊湿地典型植被景观带对水位波动的响应行为是目前鄱阳湖湿地植被水位波动响应研究领域亟待解决的问题。

三、湿地植被的空间分布对多环境因子的响应研究进展

植被、土壤和水文是构成湿地系统的核心元素,三者间相互作用,在物质交换、能量转换和信息传递中形成具有一定结构和功能的整体——湿地生态系统。植被空间格局的形成是植被与气候、水文、地貌、土壤等环境要素相互作用的结果(Bornman et al,2008;Miller et al,2003;Abbasi et al,2016)。

气候和地形主要通过调节植物可利用水分来影响湿地生态系统中的植物分布(Touchette et al,2009)。大区域尺度上,气候变化通过对水、热、光等因子的分配而影响植被的组成和分布;在小尺度上,微地貌也通过重新分配植物所需水、热、光和营养影响植物的生长、繁殖和分布。相关研究表明,湿地植物在沿距水岸的远近和距水面的高低呈纵向梯度的带状分布(Coller et al,2000),而海拔也是控制和影响湿地植被组成和分布的主要环境因子之一(Zedler et al,1999)。

独特水文过程是湿地相对于陆地生态系统和一般的水生生态系统所具有的特殊的环境条件。许多研究表明水文过程是湿地植被分布及湿地生态系统演替的主

控因子（王海洋 等，1999；Miller et al，2003；Maltchik et al，2007；You et al，2014）。湿地的水文过程通过改变湿地环境的理化性状制约种子的发芽与生长，从而影响植物分布。湿地植物的分布格局与水文条件有着较明显的对应关系，通常沿着水位梯度呈现出明显的带状分布（Dai et al，2016）。湿地植物由于生长地域的特殊性会经常受到周期性或永久性的洪水胁迫，而洪水的到来会导致土壤含氧量和其他条件的改变从而对植物产生多种影响（Zhang，2004）。洪水频率和植物对土壤淹没的耐受力是大多湿地植被带形成的根本原因。水位和水体含盐梯度在很大程度上控制着湿地植被的分布与组成以及湿地植物群落生态演替的方向与速度（Wagner et al，2000；田迅 等，2004；Xie et al，2010）。此外在季节性湿地中，地下水位也是决定植物群落分布的关键因子（冯文娟 等，2016；Budzisz et al，2016）。

土壤是湿地的基质和重要的环境因子，其作用体现在生物多样性维持、碳源碳汇、养分供给、分解净化、水文调节等方面；水位、含沙量、水量和流速等水文因素通过物理和化学作用改变湿地土壤的理化性质，土壤生物和矿物性质等间接影响湿地植物。土壤盐度、营养成分、氧化还原电位、微生物等土壤生物或非生物因子对湿地植物的分布和生长同样具有重要的作用（Weltzin et al，2000；刘兴土，2002；Strack et al，2006；Wang et al，2016），土壤化学梯度影响着湿地植物群落组成的变化（Koull et al，2016；Barrett，2006；Naidoo et al，2006；徐治国 等，2006）。土壤盐度与地上植被间存在相关关系被认为是影响红树林植被分布的最主要因素（Ukpong，1994）。黄河三角洲湿地植物在水深、土壤盐分梯度下的生态位分化现象有助于阐释湿地植物共存及带状分布的形成机制（贺强 等，2007）。土壤养分是植物生长所需养分的重要来源，其含量变化必定影响植物的分布和生长。土壤含水量、盐度、土壤养分含量是影响宁夏哈巴湖自然保护区四儿滩湿地植被分布的主要环境因子，而有些地方则是有机质含量（李瑞 等，2008）。由此可见，土壤营养元素对不同湿地不同植被的分布影响不同，其内在的机理也不明确，同时土壤环境的复杂性使土壤对湿地植被格局的形成影响也越加复杂。

鄱阳湖湿地植被空间格局受水分梯度的影响，各典型植物群落占据特定的水分生态位空间，呈现出沿水岸线呈条带状、环状分布的总体格局（刘信中，2000；胡振鹏 等，2010；Duan et al，2017；Jin et al，2017）。大量研究认为湖泊水位波动是湿地植被格局变化的主控因子（周霞 等，2009；谢冬明 等，2011；余莉 等，2011；张方方 等，2011；Feng et al，2012；叶春 等，2013；张萌 等，2013），与此同时，相关学者开展了其他环境因子的影响研究，如许秀丽等（2014）通过野外定位观测研究了典型洲滩湿地不同植被类型地下水、土壤水的变化特征，董磊等（2014）、王晓龙等（2014）分析了土壤全氮、全磷、全钾、总有机碳、土壤含水量等土壤理化因子对典型湿地植被分布的影响，葛刚等（2010b）比较了鄱阳湖三个典型植物群落带有机质和全氮的空间差异，胡维等(2012)的研究认为鄱阳湖南矶山湿地典型植被类型土壤养分存在季节变化特征,Fan 等人(2017)分析了鄱阳湖典型洲滩两种主要植被分布与土壤性质的关系。因此,其他环境因子对湿地植物群落空间格局的影响(Keddy et al,1986;Pennings et al,1992)也不容忽视,而如何甄别鄱阳湖水位波动与水文、土壤等其他环境因子对不同类型洲滩湿地植被分布格局的协同作用机制仍是一个科学难题。

目前针对鄱阳湖湿地植被和环境条件的研究多集中在植被恢复、植被演替、植被功能、植被景观、土壤碳氮磷的时空分布及土壤动物和微生物等方面,而就鄱阳湖湿地植被地表生物量对其土壤环境因子的响应关系研究相对欠缺。

第三节 研究思路与内容

一、研究目标

针对通江湖泊湿地的特殊性、复杂性和重要性，以及近年江湖关系变化对通江湖泊湿地生态系统产生影响等问题，以鄱阳湖水位波动驱动的湿地植被空间格局演变过程研究为核心，从景观和群落两个尺度，在研究鄱阳湖近30年典型洲滩湿地植被景观带、近10年典型区洲滩湿地植物群落空间格局变化过程的基础上，利用野外定位观测、采样与实验室分析、遥感与地理信息系统以及模型模拟等手段，识别影响鄱阳湖洲滩湿地植被空间格局变化的关键水位波动变量，阐明鄱阳湖洲滩湿地植被对水位波动的响应机制及空间差异；构建多元时空间统计模型，揭示水位波动与土壤等环境因子对三角洲洲滩湿地、碟形洼地湿地植物群落空间变化的多因子协同作用机制，为通江湖泊湿地生态-水文过程的耦合研究提供范式。

二、研究内容

1. 鄱阳湖洲滩湿地植被时空格局变化过程重建

利用多源遥感影像数据和实地植被调查数据，重建鄱阳湖近20~30年不同时段洲滩湿地典型植被景观带（南荻-芦苇带、苔草-蓼草带）空间分布格局序列；结合GIS空间分析，阐明近20~30年鄱阳湖洲滩湿地植被带空间格局变化方式、特征和规律；利用高分辨率遥感影像数据和实地调查数据，重建鄱阳湖典型区（河口三角洲、两种碟形洼地）近5~10年不同时段洲滩湿地植物群落空间分布格局序列；通过GIS空间分析，揭示鄱阳湖典型区洲滩湿地植物群落空间格局变化方式、特征和规律。重点研究：

（1）近20~30年鄱阳湖洲滩湿地植被景观带空间分布格局及变化规律；

（2）近5~10年鄱阳湖典型区洲滩湿地植物群落空间分布格局及变化规律。

2. 鄱阳湖水位波动特征分析

利用鄱阳湖代表性水文站长序列逐日水文观测数据，构建多时间尺度（年、季、月、旬和观测近前期）、多参数（均值、极值、变幅、变化速率等）水位波动变量指标体系；结合数理统计、时间序列分析等方法，分析鄱阳湖区近20~30年不同时间尺度水位波动变化规律及空间差异。利用鄱阳湖保护区监测数据，分析近年典型碟形洼地（闸控/无闸控）水位波动特征，比较枯水期的水位波动模式差异。重点研究：

（1）鄱阳湖不同时间尺度水位波动规律及变化趋势；

（2）鄱阳湖各湖区水位波动的空间差异。

3. 鄱阳湖洲滩湿地植被格局变化对水位波动的响应机制

利用鄱阳湖近20~30年洲滩湿地典型植被景观带空间格局数据序列、多时间尺度多参数水位波动变量指标体系，采用CART模型，识别影响湿地植被带空间格局变化的关键水位波动变量，定量研究特定的水位波动模式对典型植被景观带的影响机制；分析各湖区典型植被景观带分布高程上下限的变化规律对局部湖区水位波动模式的响应机制及差异；研究河口三角洲洲滩湿地、碟形洼地湿地（闸控/无闸控）典型植物群落分布格局变化对水位波动模式的响应机制及差异。重点研究：

（1）影响湿地植被带空间格局变化的关键水位波动变量的识别；

（2）鄱阳湖洲滩湿地各典型植被景观带空间格局变化对水位波动模式的响应机制及空间分异规律；

（3）鄱阳湖典型区洲滩湿地典型植物群落空间格局变化及对水位波动模式的响应机制比较。

4. 鄱阳湖水位波动与其他环境因子对洲滩湿地植物群落变化的协同作用机制

借助遥感反演、野外定位观测、定期采样分析等，获取典型区气象、土壤水、土壤养分、植被生物量等关键参数，结合近年洲滩湿地植物群落空间分布格局数据序列、大比例尺地形数据，构建模型，定量识别水位波动与土壤等多因子对洲滩湿地植物群落生物量、分布格局变化的协同作用机制，比较各影响因子对三角洲洲滩湿地、碟形洼地（闸控/无闸控）湿地典型植物群落分布格局变化的贡献率。重点研究：

（1）洲滩湿地典型植物群落空间格局变化的多因子协同作用机制；

（2）河口三角洲洲滩、两种碟形洼地湿地植物群落生物量及空间分布格局变化对多因子响应机制的差异。

三、研究思路与框架

面向我国长江中游大型通江湖泊湿地生态过程与水文过程耦合研究的核心科学问题，以湖泊水位季节性波动剧烈、洲滩湿地植被对水位波动响应迅速的鄱阳湖湿地为研究对象，综合应用遥感、GIS技术，野外定位观测、采样实验室分析以及统计建模等方法，获取鄱阳湖近20~30年不同时期洲滩湿地典型植被景观带空间分布数据、近5~10年不同时期典型区洲滩湿地植物群落空间分布数据，分析湿地植被在景观和群落两个尺度上的时空演变特征；利用鄱阳湖区多个代表性水文站长时间序列逐日水文数据,构建多时间尺度多参数水位波动变量指标体系,结合数理统计、时间序列分析等方法,分析鄱阳湖区不同时间尺度水位波动变化规律及空间差异;采用CART模型,定量提取影响鄱阳湖湿地植被空间格局变化的表征水位波动模式的关键性变量,研究不同植被景观带对水位波动变量的响应机制及空间差异;借助典型洲滩湿地已建的土壤—植被—大气连续体的生态水文综合观测系统,获取典型植物群落土壤水、地下水监测数据,结合实地采样和实验室分析数据,构建模型,建立河口三角洲、碟形洼地(闸控/无闸控)典型洲滩植物群落格局、生物量变化对水位波动、土壤水分、土壤养分等多因子的混合响应关系,定量区分水位波动对典型洲滩湿地植物群落时空演变的影响分量(图1-1)。

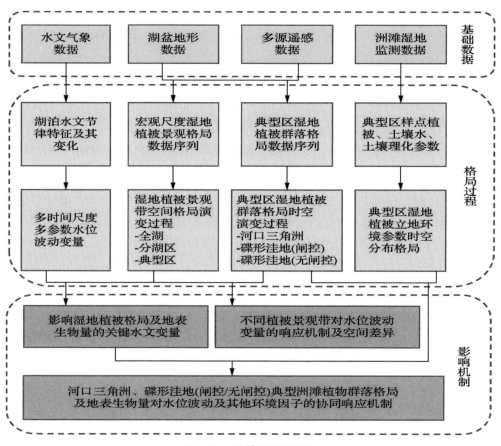

图1-1　总体研究思路

第二章　鄱阳湖水文节律特征及其变化

第一节　鄱阳湖水文特征

　　鄱阳湖是我国最大的淡水湖泊，位于北纬 28°22′–29°45′，东经 115°47′–116°45′，地处长江中下游南岸，江西省的北部。鄱阳湖上游承纳赣江、抚河、信江、饶河、修河五河来水，经湖泊调蓄后，由北部通江水道经湖口注入长江（图2-1）。其多年平均水体面积（2 388±735）km²（Liu et al，2013），多年平均水位 13.28 m，水位变幅 11.01 m（戴雪 等，2014），入江径流量占长江多年平均径流量的 16.7%（赵军凯 等，2013）。鄱阳湖在长期的变迁和调整过程中，与长江长期形成了独特的水沙交换关系，且在其湖区内形成了独特的水位波动条件，独特的地形结构特征，并孕育了独特的水域和湿地生态系统。

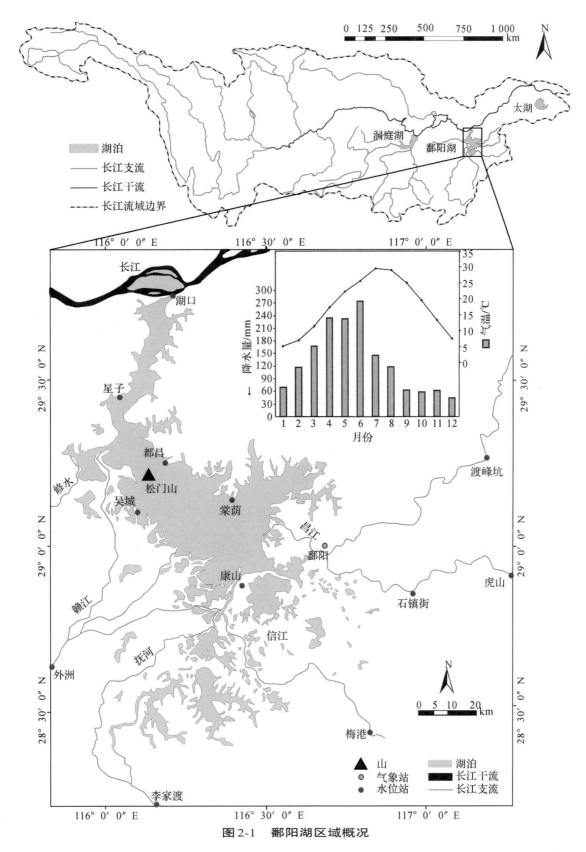

图 2-1　鄱阳湖区域概况

一、鄱阳湖水位的空间分异

鄱阳湖面积广阔，水面面积多年平均值约 2 727 km²，湖泊主体南北绵延 173 km，由南向北的倾斜高差可达 11 m，受地形、五河及长江水量变化规律的综合影响，湖泊水位存在空间分异，尤其以枯水期水位空间差异显著。

湖区自南向北依次布设有六个主要的水位控制站，分别为康山站、棠荫站、都昌站、吴城-赣江站、吴城-修水站以及星子站。根据对湖盆地形的汇流分析并综合考虑水文站点的分布位置，鄱阳湖区可划分为内部高程较为均一的 6 个局部湖区，自南向北分别为康山湖区、棠荫湖区、吴城（赣江）湖区、吴城（修水）湖区、都昌湖区、星子湖区（图 2-2）。

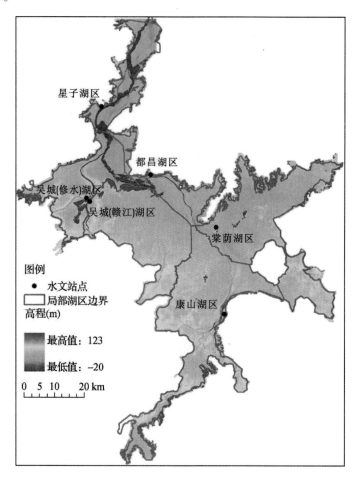

图 2-2 鄱阳湖区地形及局部湖区的划分

由 1989-2010 年湖区六个主要水位控制站日平均水位多年平均值的对比（图 2-3），可以揭示鄱阳湖水位自南向北显著的总体空间差异。鄱阳湖各水文控制站的水位涨落过程在年内保持一致，量值从湖流上游的康山站向下游的星子站方向依次降低,即康山站水位＞棠荫站水位＞吴城(赣江)站水位＞吴城(修水)站水位＞都昌站水位＞星子站水位。各水文站之间的水位差具有明显的季节差异,在枯水季节的低水位条件下,鄱阳湖南北水位差异尤其显著,南北湖区水位落差高达5m。而在汛期的高水位情况下,随着水位上涨,鄱阳湖南北湖区的水位落差逐渐缩小,几乎消失。

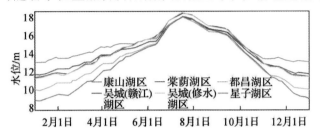

图2-3 鄱阳湖主要水文站多年日平均水位

因南部康山站与北部星子站为鄱阳湖湖流上下游相距最远的两个水位控制站,其水位差距在湖区六站中幅度最大,因此,通过南部康山站与北部星子站季节平均水位差值的对比,可清楚地揭示鄱阳湖水位空间差异的幅度及年内变化。如表2-1所示,在1980–2010年的涨水(4月上旬至6月中旬)、丰水(6月下旬至9月中旬)、退水(9月下旬至11月中旬)及枯水(11月下旬至次年3月下旬)各个水文周期,鄱阳湖康山站平均水位分别高于星子站平均水位1.41 m、0.02 m、0.97 m和3.66 m。由此数值的季节变化过程可知,鄱阳湖水位总体上存在南高北低的渐变趋势,且湖泊水位的南北差异在丰水季节最小(0.02 m),在退水季节差距被逐渐拉开(0.97 m),至枯水季节南北水位差异达到最大值(3.66 m),在湖泊涨水季节水位的南北差异开始逐渐缩小(1.40 m)。

表2-1 鄱阳湖南北湖区水位差值(以康山站季节平均值与星子站季节平均值表征)

年份	涨水季节	丰水季节	退水季节	枯水季节
1980	1.19	−0.13	0.26	3.47
1990	1.02	0.03	0.93	3.41
2000	1.84	0.11	1.44	3.98
2010–2014	1.79	0.11	1.53	3.92
多年平均值	1.41	0.02	0.97	3.66

鄱阳湖洲滩湿地因地貌和人为控湖导致水位波动模式的差异主要可以分为3种类型:河口冲积三角洲洲滩湿地、闸控碟形湖洲滩湿地和无闸控碟形湖洲滩湿地。

当赣、抚、饶、信、修河进入鄱阳湖时,由于泥沙沉积,发育形成入湖河口三角洲。在形成河口三角洲过程中,泥沙在河流主流两旁淤积,远离河道的水域形成水下砂堤,一部分逐步封闭成碟形洼地(部分半封闭,形成浅水湖湾)。鄱阳湖枯水季节水落滩出,在洲滩中出现众多大小不等的季节性的子湖泊,其形如碟,故称为"碟形湖"

或"碟形洼地"。在鄱阳湖入湖河口三角洲上这种季节性的碟形湖很多,其中江西鄱阳湖国家级自然保护区内较大的有10个,南矶山湿地国家级自然保护区内有23个(图2-4)。

当地居民为了便于冬季放水抓鱼,利用天然沙堤将洼地堆土封口加高成矮堤,又在碟形湖与主湖区之间建起了排水沟和排水闸(或低坝),这样经过人工改造的闸控碟形湖,秋冬季退水后又成为"湖中湖";仅当人为开闸放水时,水位才会急剧下降(图2-5)。另有部分碟形湖是半封闭的,没有人为闸控,其枯季水位受主湖区水位影响(图2-6)。

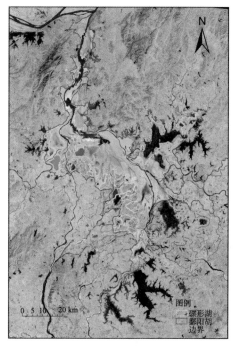

图2-4 鄱阳湖碟形湖分布

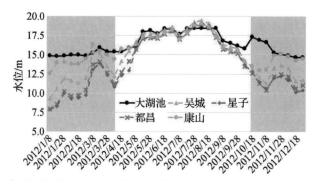

图2-5 典型闸控碟形湖(大湖池)水位波动与湖区5站水位波动关系(2012年)

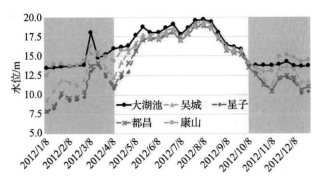

图2-6　典型非闸控碟形湖(大汊湖)水位波动与湖区5站水位波动关系(2012年)

二、鄱阳湖水位的年内变化

在上下游复杂水系结构的影响下,鄱阳湖水位受上游五河来水和下游长江水情的双重作用。五河、鄱阳湖、长江三者之间存在紧密的水文、水动力交互,鄱阳湖作为其交互作用的纽带,其水位始终处于上游五河和下游长江相互制约的水文动态变化与水量动态平衡之中。其主要表现为,鄱阳湖水位受五河和长江来水的双重影响,汛期长达半年之久。其中,每年春季五河首先进入主汛期,湖水位因五河径流的大量汇入而迅速抬高;夏季随着季风雨带的北移,五河流域退出主汛期,而长江干流进入主汛期,湖泊出流受长江洪水顶托或倒灌影响,进而水位壅高,导致湖泊水位在夏季长期维持在较高水平。进入秋季以后,受长江退水影响,湖区水位持续下降,此状态持续至冬季,湖泊进入枯水期。此外,近年来受三峡工程汛后蓄水改变长江干流水情的影响,鄱阳湖秋季水位在同期受长江水位的影响程度加剧。

以鄱阳湖代表性水文站星子站为例,鄱阳湖多年平均的年内最高水位为19.00 m(1952-2014年平均值,下同),多年平均的年内最低水位为7.99 m,多年平均的年内水位变幅高达11.02 m。且鄱阳湖年水位变幅在湖区内部自湖流上游(南)至下游(北)逐渐加大,鄱阳湖南部湖区康山站的多年平均年内水位变幅仅为6.40 m,而北部湖区的星子站,其多年平均年内水位变幅高达11.38 m。

在鄱阳湖水情的年内变化过程中,其年最高水位主要出现在每年的6月下旬至9月中旬,年最低水位则主要出现在每年的11月下旬到次年3月下旬。1952-2014年时段,鄱阳湖年最高水位历史最高值出现在1998年8月2日,高达22.5 m;年最低水位的历史最低值出现在1962年的3月7日,仅为7.06 m;此外,鄱阳湖水位年内变化幅度最高的年份为1998年,变幅达14.15 m。图2-7,表2-2全面地揭示了表征鄱阳湖年内水情波动状况的各特征水位在1952-2014年间的统计结果。

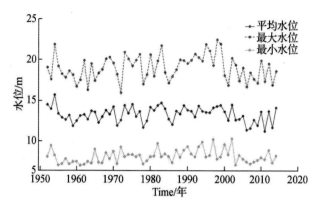

图 2-7　鄱阳湖历年平均、最高和最低水位（1952-2014）

（Wan et al, 2018, Chinese Geographical Science）

表 2-2　鄱阳湖星子站 1952-2014 时段年内水位波动状况特征水位值（m）

特征水位值	平均值	波动范围	历史最高值及出现时间		历年最低值及出现时间	
年最低水位	7.99	（7.37,8.61）	9.49	1954/03/29	7.06	1962/03/07
年最高水位	19.00	（17.47,20.53）	22.5	1998/08/02	15.99	1972/06/08
年水位变幅	11.02	（9.61,12.43）	14.15	1998	7.54	2001

除年内差异巨大的最高水位和最低水位外,鄱阳湖年内水位波动还存在另外一个重要的特点,即湖泊长期以来形成的相对稳定的涨水、丰水、退水以及枯水波动模式,即湖水位季节尺度的周期性水位波动。其中,丰水季节一般从 6 月下旬开始,至 9 月中旬结束,枯水季节则持续在 11 月下旬至次年 3 月下旬,两阶段之间相互转换的时段分别为鄱阳湖的涨水季节（4 月上旬至 6 月中旬）和退水季节（9 月下旬至 11 月中旬）。鄱阳湖的季节性水位波动是受其上游五河来水和其与下游长江的交互作用共同影响的。

具体来说,五大水系的降雨集中期为每年的 4 月上旬至 6 月中旬,期间因常出现静止锋型、历时长、笼罩面广的降水过程,使得五河流域 4 月上旬至 6 月中旬降水量非常大。特别是流量占五大水系总流量 55% 的赣江,作为鄱阳湖的主要源头,其典型的扇形水系汇流迅速,使得鄱阳湖水位在每年 4 月上旬至 6 月中旬快速上涨,进入涨水期。1952-2014 年鄱阳湖涨水期的五河入湖总流量为 494 亿 m³,约占其全年径流总量的 42%。在五大水系的主导下,鄱阳湖涨水期平均水位为 14.26 m,相对于其枯水期的平均水位 9.93 m 上升约 4 m。

从 6 月下旬到 9 月中旬,虽然五大水系仍常出现台风型暴雨,但其降水总量已逐渐减少。期间的五河入湖总径流量仅为 338 亿 m³,约占其全年平均值的 29%。而对于鄱阳湖来说,其下游长江开始进入主汛期,湖水位受长江洪水顶托的影响,持续壅高并维持在较高水平,使得鄱阳湖进入丰水期。6 月下旬至 9 月中旬的长江干流汉

　鄱阳湖湿地时空格局演变及其水文响应机制

口站总流量为3013亿 m³,占其全年总径流量的43%。部分年份的丰水期极端高水位情况下,长江水流甚至会倒灌入湖,1952-2014年间,长江向鄱阳湖的年内倒灌天数最长达40天,最大倒灌流量达13600 m³/s,出现在1991年的7月11日。在长江的主导作用下,丰水期鄱阳湖平均水位高达16.89 m,相对于其涨水期的平均水位上升约2.5 m。

9月下旬至11月中旬,因下游长江干流水位下降,对鄱阳湖出流的顶托作用减弱,鄱阳湖开始稳定退水。期间的五河总径流量缩减至88亿 m³,仅占其全年径流总量的7%;同时长江干流总径流量缩减至1289亿 m³,仅占其全年径流总量的19%。随着五河来水的减少和长江干流顶托作用的减弱,鄱阳湖水退滩出,又形成彼此分隔的小湖,进入其退水期。鄱阳湖退水期的平均水位为13.86 m,相对于其丰水期平均水位下降约3 m。

鄱阳湖在每年的11月下旬进入枯水期,且其枯水状态一直持续到翌年3月下旬。枯水期的鄱阳湖平均水位约为9.93 m,湖区最低水位一般出现在1至2月。1952-2014年间,鄱阳湖历史最低水位为7.06 m,出现在1962年的3月7日;此外,1956年1月4日的7.08 m、2004年2月4日的7.12 m以及1963年2月8日的7.16 m均为鄱阳湖极端低枯水位情况。鄱阳湖典型的年内季节水位波动情势如图2-8所示。

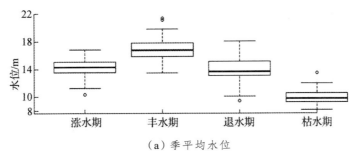

（a）季平均水位

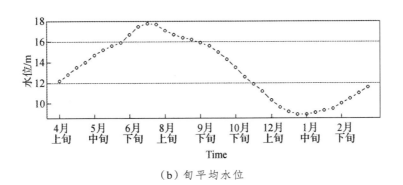

（b）旬平均水位

图2-8　鄱阳湖水位年内变化特征(1952-2014) (Wan et al,2018,Chinese Geographical Science)

三、鄱阳湖水位的年际变化

从长时间尺度来讲,鄱阳湖流域近60年来的水情变化也存在明显的趋势性和阶段性。通过M-K突变检验方法对鄱阳湖1952-2014年长时间水位序列进行了趋势性和突变性检验,筛选出两个显著的水文趋势突变点,其分别出现在1967年和2005年。这两个突变点将鄱阳湖长时间序列的水文演变趋势划分为差异明显的三个阶段,如图2-9所示,近60年来,鄱阳湖水位的年际变化主要表现为:(1)1952至1967年间鄱阳湖水位的稳步下降;(2)1968至2003年间鄱阳湖水位的持续波动上升;(3)自2003年以后,鄱阳湖水位出现显著、快速的下降。

具体来说,在1952-1967年的鄱阳湖水位下降阶段,湖泊年平均水位为13.28 m。在1968-2003年的鄱阳湖水位波动上升阶段,湖泊年平均水位为13.59 m,在此上升阶段的后半期,即鄱阳湖水位持续维持在历史较高水平的1990s年代,湖水位的年平均值增加至13.88 m。在2004-2014年的鄱阳湖水位持续剧烈下降阶段,湖泊年均水位仅为12.40 m,较前两阶段分别降低0.88 m和1.19 m。由此可见,2003年后鄱阳湖水情的偏枯趋势是鄱阳湖流域内近年来发生的最为显著的水情变化。

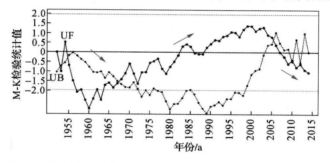

图2-9 鄱阳湖年均水位1952-2014时段变化趋势的M-K检验

第二节 鄱阳湖水文节律变化及其与江湖水量交换的关系

一、相对稳定时段鄱阳湖水文节律特征

1980–2002年,鄱阳湖各个月份、各个水文期的水位时间序列均呈平稳状态,无趋势性(通过单位根检验)。因此,此时段鄱阳湖水文节律较为稳定,保持了枯(M12–1–2)–涨(M3–4–5)–丰(M6–7–8–9)–退(M10–11)波动的多年平衡。

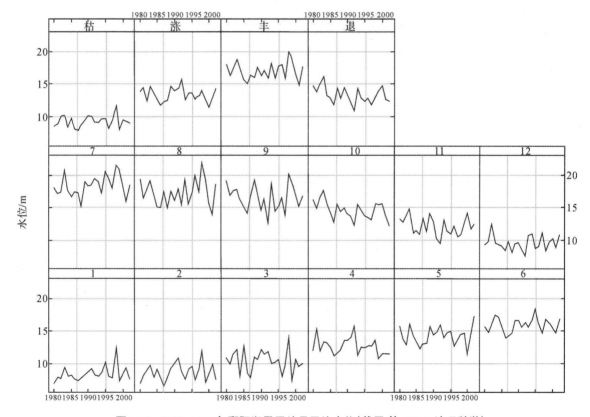

图2-10 1980–2002年鄱阳湖星子站月平均水位(戴雪 等,2014,地理科学)

二、鄱阳湖季节性水位波动变化特征

鄱阳湖各水文阶段平均水位在2003前后两时段发生的变化幅度及其显著性水平见图2-11。如图所示，整个鄱阳湖在各湖区以及各季节无一例外地在2003年后出现了水位的下降。以康山站为代表的南部湖区，其涨水季节水位小幅下降，但并不显著；丰水季节水位降幅升高且达到$P<0.01$的显著性水平，退水季节水位下降更为剧烈（降幅1.21 m，$P<0.001$），枯水季节水位虽降幅较小，但趋势显著（$P<0.01$）。以都昌站为代表的中部湖区，其涨水季节水位即出现了显著的小幅下降（$P<0.05$），丰水、退水季节水位下降更为显著，且其水位降幅均高于上游的康山湖区，丰水期降幅甚至超过2 m。枯水季节的中部湖区与上游的南部湖区一致，出现水位的显著下降，但其下降程度更为剧烈（变幅-1.56 m，$P<0.001$）。以星子站为代表的北部湖区，其各季节的水位变化趋势均与中部湖区一致，在水位降幅上，除枯水季节低于中部湖区外，其余季节水位降幅亦与中部湖区相当。

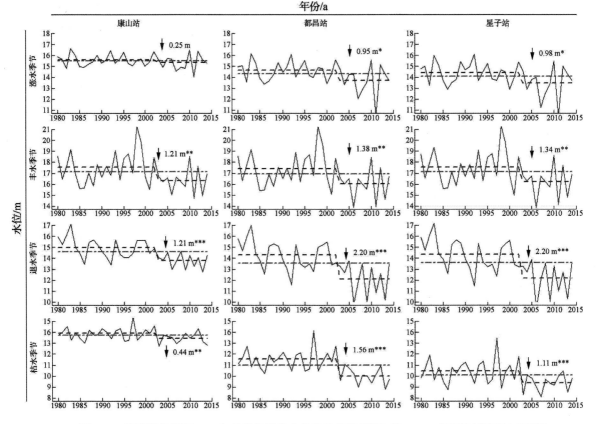

图2-11　鄱阳湖各湖区2003年前后各季节水位变化趋势（戴雪 等，2017，长江流域资源与环境）

（南部湖区、中部湖区、北部湖区分别以康山、都昌和星子为代表站，箭头及数字标注水位下降幅度，***/**/*标注的显著性水平分别为$P<0.001$，$P<0.01$以及$P<0.05$）

综上所述,(1)2003-2014 相对于 1980-2002 年,涨水期和枯水期的鄱阳湖水情均呈偏枯趋势,且水位降幅均在由上游到中游的过程中扩大,由中游到下游的过程中减小。(2)2003-2014 相对于 1980-2002 年,丰水期和退水期的鄱阳湖水情亦呈偏枯趋势,其各湖区水位降幅在由上游南部湖区至下游北部湖区的过程中逐步增大。

为进一步识别湖泊水文节律的显著变化,我们将两时段典型年(1981a 与 2011a)水位过程线进行对比,并绘制 1951-2011 多年日平均水位过程线作为参考(图 2-12(a))。从过程形态上,2011 年湖泊水位陡涨陡落:5 月末 6 月初稳定涨水;9 月开始退水,虽月末有波动性水位复涨,但 10 月迅速退水情势十分明显。1981 年则缓涨缓落:4、5 月阶梯式涨水,水位回升迅速;10 月开始稳定退水,水位缓慢下降,11 月退水过程仍较稳定。总之,2011 年与 1981 年相比,水位过程线明显呈"尖瘦"型,与 1951-2011 多年日平均水位相比,"尖瘦"趋势更为明显。其物理意义为,鄱阳湖枯水延长,涨水集中,退水迅速,水文节律呈洪旱急转情势。

此外,2011 年与 1981 年日平均水位差(图 2-12(b))不仅验证了 2003 年后各月水位的显著涨落,其整体偏负的趋势,也揭示了鄱阳湖水情整体偏枯的走向。

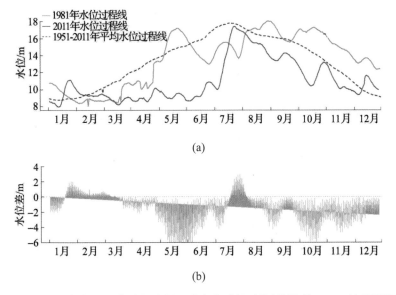

(a)

(b)

图 2-12 1981 年与 2011 年鄱阳湖星子站水位过程对比(戴雪 等,2014,地理科学)

三、鄱阳湖水文节律变化与江湖水量交换

1. 水文节律变化与水位-流量关系

(1)水位-流量关系与江湖交互作用

由于断面上水位的变化,本质上是流量的变化所致,因此,水位-流量具有密切关系,即 $Q=f(H)$。如图 2-13,稳定流时,水位-流量呈单值关系,即最低(高)水位对应

最小(大)流量,形成水位-流量关系直线。而在枯-涨-丰-退水文节律中,水位-流量呈多值关系:因涨水阶段流量大于稳定流时流量,所以水位-流量曲线相对偏右;相反,退水阶段水位-流量曲线相对偏左;形成逆时针绳套形曲线。图2-13实线为枯-涨-丰-退节律过程对应的水位-流量关系,虚线为稳定流对应的水位-流量关系,A为最大流量点,B为最高水位点(黄锡荃,1993)。

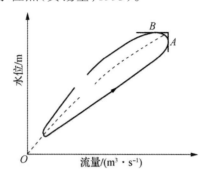

图2-13 水位-流量关系绳套曲线(黄锡荃,1993)

鄱阳湖水位-流量关系曲线在绳套形基础上存在叠加的波动,因为其出湖流量除受湖泊水位影响外,还受其与长江交互作用的影响(方春明 等,2012)。因此,可通过水位-流量曲线的形态变化识别江湖水量交换变化,进而揭示湖泊水文节律变化的原因。

江湖水量交换的变化是鄱阳湖水文节律变化的重要原因之一(郭华 等,2011)。因此,我们通过星子站水位与湖口流量关系的变化揭示水文节律变化的原因。

(2)江湖交互作用的水位-流量关系

由图2-14可见,2003-2011与1980-2002年,鄱阳湖水位-流量关系曲线均呈逆时

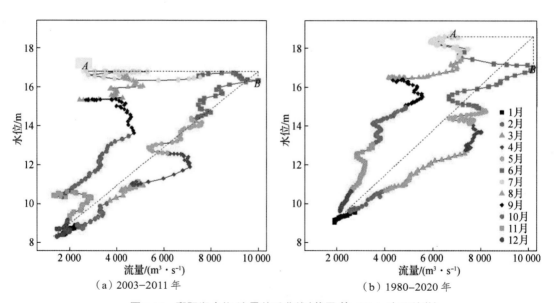

(a)2003-2011年　　　　　　　　(b)1980-2020年

图2-14 鄱阳湖水位-流量关系曲线(戴雪 等,2014,地理科学)

针绳套型。表明2003-2011年湖泊水文节律较1980-2002年虽有显著变化,但其枯-涨-丰-退的基本模式并未改变。两时段水位-流量关系曲线在逆时针绳套关系上叠加的波动有明显差异,表明在江湖交互作用改变的情况下,湖泊水文节律发生显著变化。

① 退水阶段水文节律与江湖水量交换

2003-2011年10月(图2-14(a)),水位-流量曲线近似正线性变化(线性拟合$R^2>$ 0.85),其物理意义为,湖水经湖口下泄,持续顺利汇入长江。故10月湖泊水位由高位迅速下降,水位变幅增大(图2-15(a))。而1980-2002年同期(图2-14(b)),水位-流量关系部分呈线性变化,部分存在波动,其物理意义为,10月既有下泄过程,亦有壅水过程。故水位变化幅度较小(图2-15(a))。定义水位弹性为湖口流量每改变1000 m³/s,星子水位变化的幅度。则10月水位弹性在2003-2011年为0.97 m,1980-2002年仅为0.25 m。

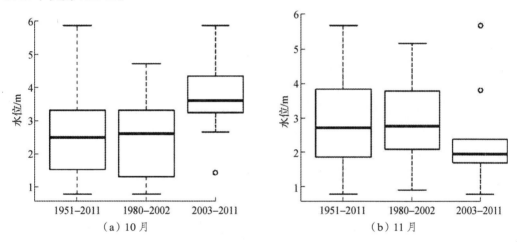

图2-15　星子站月平均水位变化幅度(戴雪 等,2014,地理科学)

2003-2011年11月(图2-14(a)),水位-流量关系出现明显转折,由水位缓变而流量大减的缓变不稳定流,变为水位-流量正线性变化的相对稳定流,其物理意义为湖泊由迅速退水变为稳定退水。而1980-2002年同期(图2-14(b)),则表现为整体水位-流量正线性变化,其物理意义为湖泊保持稳定退水。故11月湖泊水位在2003-2011年变幅较小,而在1980-2002年变幅较大(图2-15(b))。11月水位弹性在2003-2011年为0.11 m,1980-2002年则为0.72 m。

由此可见,2003-2011年,湖泊退水集中于退水阶段初期,即10月,期间湖泊向长江大流量持续汇流,导致水位较1980-2002年同期显著下降;2003-2011年11月,湖泊处于大幅泄水后的偏枯期,湖泊水位已降至偏枯水平,湖泊汇入长江流量因而减少,11月水位较1980-2002年同期亦有显著下降。

② 丰水阶段水文节律与江湖水量交换

2003-2011年6月下旬至9月上旬(图2-14(a)),水位-流量关系曲线近于水平,即水位始终较高,而流量变化极大,其物理意义为湖泊水位较长江干流仅略高甚至偏低,湖水下泄入江受阻,江湖长时间保持顶托-壅水甚至倒灌状态,使绳套曲线顶端拉平。而1980~2002年同期(图2-14(b)),水位-流量曲线近于水平的时段仅为6月下旬~6月末以及8月。而7月曲线存在明显转折变动,即湖泊丰水阶段前期、后期湖水下泄入江受阻;但部分时段湖水下泄顺利,江湖作用状态为顶托、下泄交互出现。

③ 水位-流量关系整体变化

稳定流的水位、流量近似形成水位-流量关系直线,实际水位-流量关系曲线对稳定流关系直线的偏移量,表征水文节律在江湖水交换量作用下的改变程度。2003~2011年(图2-14(a))涨水段水位-流量曲线相对于稳定流的右偏量较1980~2002年(图2-14(b))同期右偏量减小,即相同水位情况下流量减少,尤其在3~5月。2003~2011年退水段水位-流量关系曲线相对于稳定流的左偏量也较1980~2002年减小,即相同水位情况下流量增大,尤其在10~11月。由此可见,2003年以来,在各月份水位-流量关系变化的共同作用下,鄱阳湖水位-流量逆时针绳套曲线整体呈现"顶端拉平,两翼收缩"趋势。该曲线形态的物理意义在于,鄱阳湖涨水段湖水顺利汇入长江而涨水缓慢,退水段湖水急速下泄入江而退水迅速,最终导致湖泊水文节律出现洪旱急转情势。

2. 水文节律变化与水面比降变化

(1)湖泊面平均水位及水面比降

① 水文站点空间分布格局

基础数据为收集于鄱阳湖湖口控制站、湖区5站(星子、都昌、康山、吴城、棠荫)以及五河入湖控制站(外洲、李家渡、梅港、石镇街、虎山、渡峰坑)共12个水文站(图2-1)的日平均水位数据。这些日水位数据用于计算其季节平均值,并由12个站点水位插值拟合湖泊季节平均水位曲面。湖口、星子日水位数据还用于计算江湖交汇湖区水面比降。

用于鄱阳湖水位曲面插值的12个关键水文测站位置如图2-1。湖泊是具有一定分布范围的空间实体,当采用散布的水文站对湖泊总体进行推断时,应保证水文站在整个湖区中呈随机分布,以便较好地测量到湖区的空间变异,达到较高的插值精度(Ohser,1983)。若水文站在湖区范围内呈聚集态,则对湖泊总体的估值易受局域控制而产生偏移。

样本点格局检验方法主要有两类,基于密度的方法(如样方分析、2D-核密度函数)和基于距离的方法(最邻近距离指数法 NNI,$G(r)$ 函数,$F(r)$ 函数 和 $K(r)$ 函数)。点状地物的空间分布模式可能随着空间尺度的变化而变化,因此,基于密度的方法,如样方分析中样方大小和形状的选择,以及核函数中带宽的选择都对结果存在影响,且具有主观性。另外一类基于距离的统计量很好地避免了这一问题,但NNI,$G(r)$函数和$F(r)$函数只考虑了空间点在最短尺度上的关系,且NNI仅用最邻近距离的平均值概括所有最邻近距离,忽略了最邻近距离的分布特征对点格局模式的影响(Poff et al,2010)。Ripley's K函数是点密度距离函数,可以检测点数据在不同尺度下的空间分布,但其估计量方差随距离增大而快速增大。为保持方差稳定,本研究选择在$K(r)$函数基础上修正的$L(r)$函数对水文站点空间格局进行检验(Sellinger et al,2007),其基本方法与步骤如下:

对于点空间过程X,有

$$L(r) = \mathrm{sqrt}\left\{ A\sum_{i=1}^{n}\sum_{j=1}^{n}\frac{\omega_{ij}(r)}{n^2}/\pi \right\} \tag{2.1}$$

式中,A为研究区域面积,n为点状地物个数,$\omega_{ij}(r)$为在距离r范围内的点状地物i与j间的距离。通过区域内样本点密度实测值与完全随机分布(CSR)下的理论值比较,判断实际观测点空间分布格局。若特定距离r的L观测值$L_{obs}(r)$大于L理论值$L_{theo}(r)$,则与该距离下的CSR相比,该分布更趋于聚集,反之,则该分布更趋于分散。通过Monte Carlo方法对其统计显著性进行检验,若特定距离r的L观测值$L_{obs}(r)$大于置信区间上限$L_{hi}(r)$,则该距离的空间聚类具有统计显著性,若小于置信区间下限$L_{lo}(r)$,则该距离的空间离散具有统计显著性。本研究假设检验中Monte Carlo方法置换99次,即置信度取0.05,结果如图2-16所示。

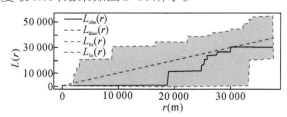

图2-16　鄱阳湖区12水文站点空间分布格局$L(r)$检验结果(Dai et al,2015,Journal of Geographical Sciences)

研究表明,$r<18.5$ km时,水文站明显呈分散分布;$r>18.5$ km时,水文站呈随机分布。因此,就采样点空间分布格局来说,参与插值计算的水文站点在鄱阳湖水域范围内呈随机分布。

②鄱阳湖水位曲面插值方法

因为本研究还要求水位变化湖区差异的空间分析,所以需要应用上述随机分布的水文站点对水位进行湖面插值。Ordinary Kriging方法是单变量局部线形最优无偏估计方法,也是最稳健的地理统计数据插值方法之一(Ohser,1983)。由流体性质可知,湖面水位$Z(s)$满足二阶平稳假设,数学期望μ为未知常数,其变异函数$\gamma(h)$存在且平稳,因此,适合采用Ordinary Kriging方法对湖泊水位曲面进行插值。此方法基本思想为:一个待插值点水位值$\hat{Z}(s_0)$的估计值(s_0)为:

$$\hat{Z}(s_0) = \sum_i^n \lambda_i z_i \qquad (2.2)$$

式中，z_i 为空间 S_i 的实测水位值，λ_i 为待求系数。根据无偏估计要求，诸权重系数和为 1，同时，为使估计方差达到极小，将此问题转化为用拉格朗日乘数法求约束极值问题，得到方程组：

$$\begin{cases} \sum_j^n \lambda_j \gamma(z_i, z_j) + \mu = \gamma(z_i, z_j) \\ \sum_j^n \lambda_j = 1 \end{cases} \qquad (2.3)$$

式中，γ 为变异函数。

$$\gamma(h) = \frac{1}{2n(h)} \sum_{p=1}^{n(h)} [Z(s_p - Z(s_p + h))] \qquad (2.4)$$

其中，$n(h)$ 为研究区内空间间隔为 h 的点对数；因此，可由 12 水文站作为样本数据，计算再拟合出变异函数 γ（本研究采用球形模型拟合）；代入（3）式求出待定系数 λ_i 与 μ；再代入（2）式，求出湖区各点水位的插值预测结果。

显然，本研究用于插值计算的水文站点在湖泊水域范围内符合空间随机分布，此外，就湖泊水系结构而言，湖口站为湖泊对长江的出流控制站，外洲、李家渡、梅港、石镇街、虎山、渡峰坑分别为鄱阳湖上游主要支流控制站，星子、都昌、康山、吴城、棠荫位于大湖面，对湖泊水情具有广泛的代表性。因此，即使样本量偏小，其对湖面的插值结果仍具有可靠的精度。

③ 水面比降与江湖水交换

涉及江湖交互系统的半分布式或分布式的水文模型目前还没有建立，因此，江湖交互作用的表征缺乏可靠的稳健变量。Hu Q、郭华等（2007，2011）通过一系列水文要素的组合作为约束条件，定义了两种江湖交互作用情形，即"河流强作用于湖泊"和"湖泊强作用于河流"，这种应用非连续变量的定性表达，不能对江湖交互作用从物理过程上进行描述；Zhao J K 等（2011）通过构建一个由江湖交汇河道水文控制站的水位、流量以及河流倒灌湖泊时间等因素构成的复合指标，即江湖水量交换系数，来表征江湖交互作用，这种间接的、半定量的参数不能直接反映下游河流与上游湖泊交互作用的因果关系。Lenters（2001）在五大湖区从水量平衡的角度，计算上下游水体间水交换量对湖泊水位变化的影响，进而间接描述上下游湖体间的交互作用对各个湖泊平均水文节律的影响，此方法采用的水文站实测流量并未考虑到未控湖周区间来水，且没有对上下游水体间的交互作用进行定义和详细阐述，因此，对江湖交互作用的描述不直观，且精度有限。

水面比降是沿水流方向单位水平距离的水面高程差，通常以万分率（‰）表示。水面比降是与水流速度密切相关的流域特征值之一。它具有直观反映江湖交互作用的特点,且水面比降为连续变量,在定量表征江湖交互作用方面具有独特的优势。而且水面比降计算简单,在实测水面线资料缺失的情况下,仅通过上下河段水位数据就可以推算,资料易获取,且精度较高。因此,本研究应用江湖交汇河段的水面比降来衡量江湖交互作用。因鄱阳湖区实测水面线数据缺失,本研究根据两水文站间水位值近似计算得到其水面比降,其公式如下:

$$S = \frac{Z_u - Z_l}{l} \times 10\,000 \tag{2.5}$$

式中,S 表示水面比降(‰);Z_u 与 Z_l 分别表示上下比降断面水位(m),l 为上下比降断面间距(m)。

本研究采用季节平均的水面比降,相对于短时间尺度(日、旬、月尺度)的水面比降计算结果更加稳定,因为,通过季节平均计算可以平滑掉洪水波等扰动因素对平均水面比降造成的影响,取得较稳定可靠的计算结果。

(2)鄱阳湖季水位及水面比降变化

本研究湖泊涨(M4-5)-丰(M6-7-8-9)-退(M10-11)-枯(M12-1-2-3)的水文节律,仅涉及水位变化,不考虑水域面积伸缩。图2-17中各季节湖泊轮廓为1951—2011年季节平均水位(枯水阶段10.5 m,涨水阶段12.8 m,丰水阶段16.5 m,退水阶段13.3 m)对应的水域范围(分别由2003/1/28、2003/3/10、2003/9/13、2003/10/25遥感影像解译得到)(Liu et al,2012;Liu et al,2013),仅作为湖泊形状的代表。

① 季水位变化

由图2-17可知,2003年以来,鄱阳湖在各水文阶段水位较1980—2002年均有下降。就全湖平均水位而言,涨-丰-退-枯各阶段水位下降幅度依次为0.69[0.39,0.99] m,1.30 [0.92,1.48] m,1.49 [0.97,2.00] m,和0.64[0.35,0.93] m。各阶段不同的水位降幅揭示出湖泊水文节律的显著变化。退水阶段是湖泊由丰水状态向枯水状态转变的关键时期,其水位状况直接决定湖泊水文节律的洪枯交替模式,而其水位下降最为剧烈。同样处于洪枯交替时期的涨水阶段,水位降幅也较为显著。丰水阶段降幅仅次于退水阶段,而枯水阶段降幅最小。由此可见,湖泊水文节律因退水迅速、涨水缓慢而呈现洪旱急转情势;同时,湖泊丰水程度降低,枯水程度加剧;且湖泊整体年均水位有偏枯趋向。

图2-17同样表现出南、北两湖区水位变幅的差异,在涨-丰-退-枯各个阶段,松门山以北的江湖交汇湖区,等水位线向上游方向偏移的幅度明显大于松门山以南的都昌-康山湖区,即湖泊水文节律中季节水位的下降趋势由下游向上游方向减弱。由此可见,鄱阳湖水文节律变化的主要原因在于江湖交互作用的变化,而非上游五河入湖径流的变化。此结论与刘元波等(Liu et al,2013)一致,即流域降水无显著趋势变化,未对湖泊水情产生显著影响。

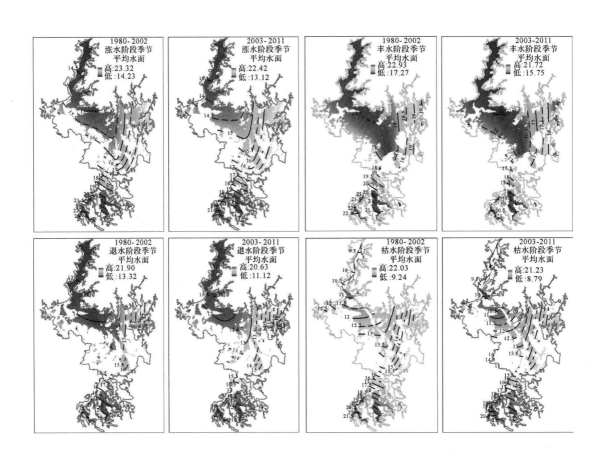

图2-17　1980-2002年与2003-2011年涨、丰、退、枯不同阶段湖泊季节平均水位(单位:m)

(Dai et al,2015,Journal of Geographical Sciences)

鄱阳湖湿地时空格局演变及其水文响应机制

因水流连续运动,湖泊水位年内的变化具有累积性,即水文节律在某个阶段的变化会累积到下一阶段,且变化幅度会随着距变化触发点间隔延长而衰减。考虑到不同季节的水位降幅排序,根据累积效应推断,退水阶段湖泊由稳定退水向迅速退水的转变,是水文节律变化的触发点,此状态累积到随后的枯水阶段,湖泊处于大幅泄水后的偏枯期,进而导致枯水阶段枯水程度较1980-2002年加剧。此效应进一步累积到涨水阶段,湖泊因需补充枯水阶段偏枯状态下的水量缺失,水位回升缓慢。丰水阶段水位降幅仅次于退水阶段,也高达1.3 m,说明丰水阶段的湖泊水位存在主动的下降,而非累积了退水阶段的下降效应。

综上所述,鄱阳湖2003年以来,水文节律发生了显著改变:a. 退水阶段由稳定退水向迅速退水的转变,是湖泊水文节律变化的触发点;b. 因涨、退阶段水位偏低,导致湖泊枯水状态延长,丰水状态缩短,湖泊水文节律呈现洪旱急转情势,且湖泊水情整体有偏枯趋向;c. 江湖交互作用而非上游五河来流的变化是湖泊水文节律变化的主要原因。而江湖交互的具体作用机制,将在下一部分进行详细阐述。

② 平均水位季节循环变化与江湖交互作用

鄱阳湖区水面比降实质上是长江与鄱阳湖交互作用的体现,水面比降通过影响水流速度来影响江湖水交换量,进而对湖泊平均水位季节循环产生作用。由图2-18可知(其中(a)为湖口-星子湖区水面比降,(b)为都昌-康山湖区水面比降),2003年以来,鄱阳湖不同湖区水面比降变化趋势完全相反:都昌-康山湖区水面比降显著上

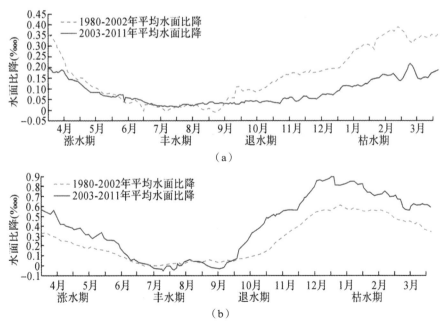

图2-18 湖口-星子湖区与都昌-康山湖区1980-2002与2003-2011年平均水面比降
(Dai et al,2015,Journal of Geographical Sciences)

升,而湖口-星子湖区水面比降显著下降。都昌-康山湖区是鄱阳湖湖盆构成的主体,其水面比降实质是鄱阳湖水资源存蓄增减状态的反映:假定鄱阳湖流域来水不变,都昌-康山湖区水面比降升高,则湖水流速加快,出流增加,湖泊蓄水量减少;反之,湖泊蓄水量减少。而鄱阳湖水量的维持,主要取决于长江与鄱阳湖的交互作用,体现在鄱阳湖狭长的湖口水道,即湖口-星子湖区水面比降的变化上。正常情况下,水面比降为正值,在长江主汛期,江水高涨倒灌入湖,此极端情况下水面比降为负,即倒比降。水面比降为正的情况下,湖口-星子湖区水面比降下降有两种可能:一是长江与湖泊水位同时升高,且长江水位抬升幅度大于湖泊;二是长江与湖泊水位同时降低,且湖泊水位降低幅度大于长江。

因为湖体的连通结构和水流运动规律,平均水位季节循环的变化在湖区内具有传播性,即一个湖区的水位变化会传播到另一湖区。江湖交互作用的变化是影响鄱阳湖平均水位季节循环变化的重要原因(郭华 等,2011)。所以,江湖交互主导的湖口-星子湖区水面比降变化,会传播到都昌-康山湖区,进而影响鄱阳湖水资源存蓄状态。因此,我们通过两湖区水面比降的变化,可以从江湖交互作用角度揭示鄱阳湖平均水位季节循环变化的原因。

a. 丰水阶段平均水位季节循环与江湖交互作用

由图2-18(a)与图2-18(b)可见,2003-2011年,丰水阶段两湖区的水面比降变化都较小。但因丰水阶段湖泊在长江作用下处于壅水状态,水位极高而水面比降极小(近于零值),微小的水面比降可引起巨大的流量变化。虽然丰水期水面比降变化幅度不大,但其揭示的江湖交互作用变化仍具有一定的显著性。

由湖口-星子湖区水面比降变化情况(图2-18(a))可知,1980-2002年,在多年平均情况下仍出现多次倒比降现象,可见,丰水阶段长江水位高涨,顶托鄱阳湖,阻碍湖水下泄,甚至倒灌入湖的作用强烈;而2003-2011年,多年平均的丰水阶段水面比降均为正值,且整体上比1980-2002年水面比降偏高,可见,长江对湖泊的顶托作用减弱,鄱阳湖对长江的补给作用增强。由此可见,丰水阶段江湖关系演变特点为:1980-2002年,长江对鄱阳湖顶托/倒灌作用较强,而2003-2011年,长江与鄱阳湖角色反转,鄱阳湖对长江的补给作用增强。长江洪季水位较历史同期偏低,导致本该接受顶托甚至倒灌的鄱阳湖仍需补给长江,这是出现此江湖关系变化趋势的原因。

同期的都昌-康山湖区(图2-18(b)),水面比降有所下降,甚至出现倒比降,即出流速度减小。可见,一方面较少接受长江倒灌分洪,一方面上游汇流减少,丰水阶段鄱阳湖水面有南低北高的逆趋势,蓄水量变化较小,保持平稳。

b. 退水阶段平均水位季节循环与江湖交互作用

2003-2011年退水阶段江湖交互作用较1980-2002年有明显的差别。2003年以来,都昌-康山湖区10月份起,水面比降较1980-2002年有显著上升,表明湖泊流速、出湖流量骤增；与此同时，湖口–星子段水面比降较 1980–2002 年有显著下降。由平均水位季节循环在退水阶段的水位下降特征推测，湖口–星子水面比降的下降趋势反映出以下江湖关系：长江与湖泊水位同时降低，且湖泊水位降低幅度大于长江，因此水面比降降低。其物理意义为，长江水位降低导致鄱阳湖超量补给，鄱阳湖水位随之大幅降低，出现水面比降下降的情况，即长江对鄱阳湖有"拉空"作用。由此可见，退水阶段江湖关系演变特点为：鄱阳湖对长江补给加强，长江对鄱阳湖存在"拉空"作用。

c. 枯水阶段平均水位季节循环与江湖交互作用

2003 年以来，枯水阶段两湖区的水面比降变化趋势与退水阶段相似。由此可见，枯水阶段长江水位仍然较低，鄱阳湖仍然对枯水期的长江进行超量补给，同时造成鄱阳湖水资源的大量流失。

但枯水阶段中，都昌–康山湖区水面比降的升高幅度有减小趋势，由此可见，鄱阳湖在退水阶段经历长江的"拉空"作用，并在枯水阶段仍持续补给长江的情况下，自身蓄水量大幅减少，水流输出能力较退水阶段减弱。与此同时，湖口-星子湖区水面比降的降低幅度有增加趋势，这说明，此时段长江水位持续降低，湖泊枯水期持续超量补给长江，且湖泊对长江的补给能力逐渐下降。

d. 涨水阶段平均水位季节循环与江湖交互作用

2003–2011 年，涨水阶段初期，延续枯水阶段的水面比降变化特征，即都昌–康山湖区（图 2-17）水面比降较 1980–2002 年有所上升，而湖口–星子湖区水面比降有所下降，但两湖区变化幅度均较枯水阶段偏小；涨水阶段后期，水面比降变化趋势发生转变，都昌–康山湖区比降下降到 1980–2002 年平均水平以下，而湖口–星子湖区必将上升到 1980–2002 年平均水平以上，与丰水阶段状态接近。可见，涨水阶段的鄱阳湖，一方面流域汇水增加，蓄水量增加，都昌-康山水面比降下降；另一方面，上涨的鄱阳湖水位与前期枯水阶段长江的低水位形成较大水面比降，流速增加，湖水迅速下泄入江，产生鄱阳湖对长江的巨大补给作用。

e. 江湖关系变化趋势

2003–2011 年以来，鄱阳湖两湖区水面比降在平均水位季节循环的各个阶段均有显著变化。湖口–星子湖区比降在退水阶段出现显著低于多年平均水平的趋势，且此趋势在枯水阶段得到放大，涨水阶段逐渐减小，至丰水阶段消失，转化为高于多年平均水平的状态。由此可见，长江水位在退水阶段的急剧下降，迫使鄱阳湖超量补给，此种江湖交互作用持续到枯水阶段，在涨水阶段逐渐消失，丰水阶段长江水位偏低，顶托倒灌作用减弱，鄱阳湖补给长江能力提高。

都昌–康山湖区水面比降变化趋势与湖口–星子湖区呈极强的负相关性，在退水阶段出现显著高于多年平均水平的趋势，但此趋势在枯水阶段及随后的涨水阶段逐渐减小,至丰水阶段消失,转化为低于多年平均水平的状态。由此可见,鄱阳湖蓄水量在退水阶段锐减,在枯水及涨水阶段蓄水量减少速率仍高于往年,丰水阶段蓄水量变化较小。

根据传播效应,江湖交互主导的湖口-星子湖区水面比降变化,会传播到都昌-康山湖区,进而影响鄱阳湖水资源存蓄状态。丰水阶段,长江洪季水位较1980-2002年偏低,导致长江顶托甚至倒灌湖泊效应下降,鄱阳湖蓄水量变化较小,保持稳定;退水阶段由于长江水位降低,对鄱阳湖产生拉空作用,鄱阳湖对长江补给加强,导致鄱阳湖蓄水量骤减;枯水阶段长江水位仍然较低,鄱阳湖仍然对枯水期的长江进行持续超量补给,进一步造成鄱阳湖蓄水量的大量流失,伴随着鄱阳湖蓄水量的逐渐减少,其补给长江的能力逐渐下降;涨水阶段,虽大量流域汇水使湖泊蓄水增加,但上涨的鄱阳湖水位与偏枯的长江低水位形成较大比降,湖水迅速下泄入江,产生鄱阳湖对长江的巨大补给作用,最终导致涨水阶段因湖水顺利汇入长江而涨水过程缓慢。综上所述,2003年以来,江湖交互作用的改变,驱动鄱阳湖平均水位季节循环的转变,江湖关系是鄱阳湖平均水位季节循环近年来发生变化的重要原因。

第三节　鄱阳湖水位波动的度量及近年变化规律

一、水位波动的度量方法

水位波动是指一定周期内水位的升降过程。自然状态下,水位波动可以发生在从秒(如波浪的运动)到世纪(如地质时期的海岸线变迁)等不同的时间尺度,且水位波动可以具有不同的波动幅度及波动过程。因此,对于水位波动的度量,主要涉及两个基本问题:首先,是确定水位波动的度量周期;其次,是确定特定周期水位波动过程的衡量指标。本研究的研究目标是揭示特定时期水位波动对湿地植被生长状态的影响。基于此研究目标,确定本研究的水位波动度量方法如下:

(1)具有潜在生态效应的水位波动周期的选择:本研究立足于典型植被的有限生长期,因此,近前期水位波动以及季节水位波动被认为对湿地植物的生长具有不同强度的累积和滞后影响。按照距离观测时间延长而降低时间分辨率的筛选方法,对于近前期水位波动,本研究选择包括观测当日水位、观测前5天、10天、15天、20天、25天、30天的水位波动周期序列作为对湿地植物生长具有潜在生态意义的水位波动变量;对于季节水位波动,本研究选择观测时间以前的枯水季节(11月下旬–3月下旬)、涨水季节(4月上旬–6月中旬)、丰水季节(6月下旬–9月中旬)、退水季节(9月下旬–11月中旬)多周期水位波动序列作为对湿地植物生长具有潜在生态意义的水位波动变量。

(2)特定水位波动过程衡量指标的确定:对于特定周期的水位波动过程而言,其水位过程曲线呈类似于正弦函数曲线。本研究力求全面并细化地量化水位波动曲线形态,因此,采用波动周期内的水位最高值、最低值、平均值以及水位变化幅度4个指标的组合来刻画水位波动过程,以表达不同水位波动模式下水位波动过程曲线的各种形变(图2-19)。因近前期水位波动周期较短,为避免变量冗余,本研究对于近前期水位波动仅采用周期内水位平均值作为水位波动的衡量指标。

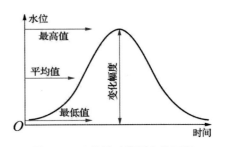

图2-19　水位波动衡量方法图解

综上所述,本研究将长序列日尺度水位数据离散到季节和近前期2种具有生态意义的水位波动周期。对于以季节为周期的水位波动,选择由平均水位、最高水位、最低水位和水位变幅4个指标在内的参数组合对水位波动进行衡量;对于以5天为间隔的近前期水位波动过程,即观测前10日、前15日、前20日、前25日及前30日的水位波动,仅选取水位平均值进行衡量。最终,共构建21个水位波动变量,对多周期水位波动序列进行变分辨率的衡量,以全面刻画具有潜在生态意义的水位波动过程,如表2-3所示。本研究的水位波动衡量方法对于水位波动的湿地植被生态效应研究具有显著的优势。

表2-3　对湿地植被生长具有潜在生态意义的水位波动衡量指标体系

（Dai et al, 2016, Hydrobiologia）

波动周期	细化的波动周期	衡量指标
季节水位波动	枯水季节水位波动	平均水位、最高水位、最低水位、水位变幅
	涨水季节水位波动	平均水位、最高水位、最低水位、水位变幅
	丰水季节水位波动	平均水位、最高水位、最低水位、水位变幅
	退水季节水位波动	平均水位、最高水位、最低水位、水位变幅
近前期水位波动	前10日水位波动	平均水位（*AWI10）
	前15日水位波动	平均水位（AWI15）
	前20日水位波动	平均水位（AWI20）
	前25日水位波动	平均水位（AWI25）
	前30日水位波动	平均水位（AWI30）

注: *AWI 为 Antecedent Water-level Index 的缩写,即近前期水位指数,AWI 结合其后缀数字 x 可表示前 x 天的平均水位这一指标,并用于描述一系列近前期水位波动。

二、鄱阳湖近20年季节尺度水位波动特征

根据上述的多周期水位波动度量方法,鄱阳湖1989-2010年间枯（11月下旬-3月下旬）-涨（4月上旬-6月中旬）-丰（6月下旬-9月中旬）-退（9月下旬-11月中旬）4个季节的水位波动变化情况均通过其相应季节的最高水位、最低水位、平均水位和水位变幅4个指标综合反映。

对于鄱阳湖1989-2010年4个季节各个指标变化趋势的线性检验结果如表2-4所示:① 枯水季节的平均、最高、最低水位以及水位变幅均呈下降趋势,但均未出现显著的下降。② 涨水季节的平均、最高、最低水位亦呈下降趋势,但水位变幅呈增加趋势。且涨水阶段最低水位的降低趋势达到显著的水平（$P<0.001$）,其降低幅度也最为剧烈,为-0.15 m/a。③ 丰水季节的平均、最高、最低水位以及水位变幅均呈降低趋势,其中,最高水位降幅较大,为-0.13 m/a。丰水季节4个水位波动指标中,最高

表2-4　1989–2010年鄱阳湖季节尺度水位波动各变量变化趋势

	平均水位变化趋势				水位变幅变化趋势		
季节划分	斜率	截距	P	季节划分	斜率	截距	P
枯水季节	−0.078	11.03	0.059	枯水季节	−0.010	4.73	0.843
涨水季节	−0.088	15.16	0.020**	涨水季节	0.098	4.10	0.028
丰水季节	−0.076	18.19	0.181	丰水季节	−0.115	5.95	0.029**
退水季节	−0.088	13.02	0.042**	退水季节	0.040	6.62	0.581
	最高水位变化趋势				最低水位变化趋势		
季节划分	slope	Intercept	P	季节划分	slope	Intercept	P
枯水季节	−0.074	13.99	0.189	枯水季节	−0.064	9.26	0.073
涨水季节	−0.054	17.54	0.170	涨水季节	−0.152	13.45	0.000***
丰水季节	−0.134	21.02	0.013**	丰水季节	−0.018	15.08	0.764
退水季节	−0.025	16.22	0.710	退水季节	−0.066	9.60	0.049**

注：***与**分别表示变化趋势达到$P<0.001$与$P<0.05$的显著性水平。

水位和水位变幅呈现显著下降趋势（$P<0.05$）。④ 退水季节的平均、最高、最低水位均呈下降趋势，而水位变幅呈增加趋势。退水季节的平均水位和最低水位呈显著下降趋势（$P<0.05$）。对以上4个季节多个变量线性拟合的图形结果如图2-20所示。

综上所述，1989–2010年鄱阳湖各季节水文波动指标的不同变化方向和量级揭示出湖泊水位波动模式对自然水位波动状态的偏离。枯水季节和丰水季节的平均、最高、最低和变幅的同步降低揭示出鄱阳湖1989–2010年来枯水季节整体偏枯，丰水季节"高水不高"的水位波动形态。涨水季节和退水季节平均、最高和最低水位的降低，以及水位变幅的提高，则揭示出鄱阳湖1989–2010年来涨水季节和退水季节水情整体偏枯，且水文极端事件发生频率提高的情势。

三、鄱阳湖植被生长期水位波动特征

植被生长期的水位波动对典型植物生长具有重要的生态意义。根据本研究的水位波动度量方法，鄱阳湖1989–2010年间植被生长期的水位波动变化情况应通过旬平均水位反映。鄱阳湖湿地草洲春季生长期为3月上旬–5月上旬，秋季生长期为10月中旬–12月中旬。1989–2010年旬均水位的线性趋势检验结果（表2-5）表明：1989–2010年，鄱阳湖植被生长期的旬均水位均呈不同幅度和显著性的下降。其中，3月下旬到4月中旬以及10月中旬到11月上旬两时段的旬均水位下降幅度较大，均超过0.1 m/a，并且，其旬均水位下降的显著性亦超过其他各旬，达到$P<0.05$的显著性水平。重点旬的平均水位及其下降趋势如图2-21所示。

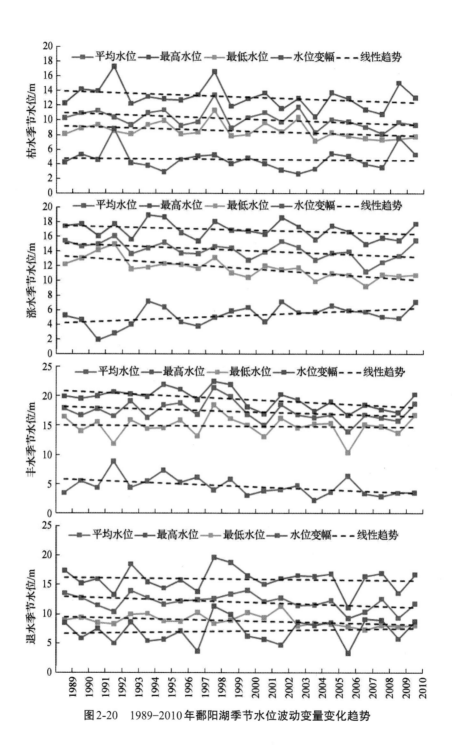

图2-20　1989-2010年鄱阳湖季节水位波动变量变化趋势

鄱阳湖湿地时空格局演变及其水文响应机制

表 2-5　1989-2010 年鄱阳湖植被生长季旬水位波动变化趋势

旬	斜率	截距	P	旬	斜率	截距	P
3 月上旬	-0.068	11.63	0.192	10 月中旬	-0.132	15.22	0.025**
3 月中旬	-0.034	11.63	0.578	10 月下旬	-0.159	14.70	0.004**
3 月下旬	-0.108	13.08	0.025**	11 月上旬	-0.129	13.51	0.023**
4 月上旬	-0.160	14.25	0.001**	11 月中旬	-0.091	12.58	0.189
4 月中旬	-0.134	14.37	0.005**	11 月下旬	-0.083	11.95	0.173
4 月下旬	-0.075	14.39	0.121	12 月上旬	-0.079	11.10	0.120
5 月上旬	-0.085	15.02	0.061	12 月中旬	-0.070	10.46	0.102

注：*** 与 ** 分别表示变化趋势达到 $P<0.001$ 与 $P<0.05$ 的显著性水平。

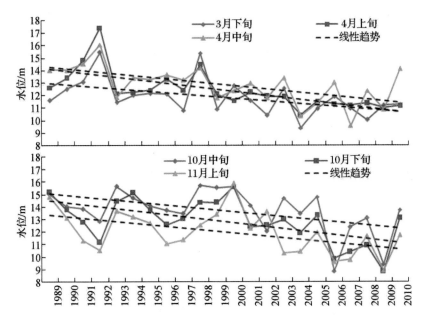

图 2-21　1989-2010 年鄱阳湖湿地植被生长期平均水位下降的重点旬

　　综上所述，在 1989-2010 年的鄱阳湖植物生长期，鄱阳湖旬均水位变化揭示出其水位波动模式对自然水位波动状态的偏离。尤其在水位波动变化的重点旬，即 4 月上旬、4 月下旬以及 10 月下旬，其水位下降的幅度和显著性均较大。由此可见，鄱阳湖 1989-2010 年以来植被生长期的春旱、秋旱现象加剧。

第三章 鄱阳湖湿地植被空间格局特征及演变

第一节 鄱阳湖湿地植被面积分布规律及变化

一、鄱阳湖湿地植被景观空间分布特征

在水位波动主导的生境异质条件下,鄱阳湖湿地呈现出浅水、草滩、泥滩组成的多类型复合特征,其中,构成草滩的各典型植物群落占据特定的水分生态位空间,沿水位梯度形成明显的带状分布特征(图 3-1)(Dai et al,2019)。且因其建群种明显,各典型植物群落具有外貌整齐,层次结构简单的特点。鄱阳湖洲滩湿地在分布形式上呈现出由水及陆依次出现 2 个典型植被景观类型:① 苔草–藨草景观带(Sedges),由多种苔草混生组成,为面积最大、分布最广的群落类型,主要分布于中位滩地;② 南荻–芦苇景观带(Reeds),主要由芦苇、南荻等挺水植物组成,集中成片分布于高位滩地。此两种典型植被景观带的详细特征见表 3-1。此外,鄱阳湖湿地在 2 种典型植被景观带中间,还混合有裸地、泥滩以及水域等其他非生物景观类型。

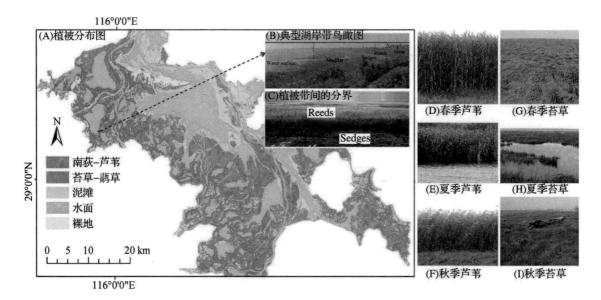

图 3-1 湖区典型植被景观的带状分布特征(Dai et al,2019,Frontiers of Earth Science)

表 3-1　典型植被景观分布位置及植物种类构成

典型植被景观	分布位置	主要植物种类
苔草-藕草景观带	泥滩与南荻-芦苇景观带之间,地势上属于河口三角洲、蝶形湖周边浅滩、河道两侧低位滩地	以苔草、藕草为主,混生植被有下江委陵菜、水田碎米荠等
南荻-芦苇景观带	苔草-藕草景观带向岸边一侧外缘,地势上属于蝶形湖四周高滩、河口三角洲或河道两侧高位滩地	以南荻、芦苇为主,常伴生藜蒿、苔草等

此外,受微地形的影响,鄱阳湖洲滩湿地典型植物群落的分布在较小的空间尺度上又呈现出斑块状镶嵌的特点,使得鄱阳湖湿地典型植物群落分布总体上呈现出极其复杂的格局。湿地植物群落受植物物候变化以及水位波动的影响,在群落构成上具有时间上的多变性,即呈现出明显的时间成层现象。综上所述,鄱阳湖湿地极其复杂的结构和快速的时相变化使得多周期水位波动对其湿地生态系统结构和功能的稳定研究非常必要。

湿地植被数据为 1989-2010 年鄱阳湖湿地植被类型分布图集,该图集为中国科学院南京地理与湖泊研究所于 2010 年根据鄱阳湖流域 Landsat-TM/ETM 历史遥感影像(分辨率 30 m)应用分层分类的遥感解译方法得到的解译结果(余莉,2010)。关于遥感图像时间的选取,其选择在植被生长末期挑选无云或少云的遥感影像进行解译。因为在植被生长期的末期,洲滩湿地最大程度的出露,可以最大程度地剔除物候及其他潜在混合因子对湿地植被景观带的影响。需要注意的是,叶春等人(2013)以鄱阳湖区 2001-2010 年时间分辨率为 16 d 的 MODIS 遥感影像对秋季湿地植被生长状况进行连续监测,结果表明湿地植被生长状况在退水初期存在较大波动,而在植被生长末期 EVI 达到最大值后各年植被生长状况波动较小。因此,本研究应用的遥感影像可以保证湿地植被生长状态的年际可比性。

表 3-2　解译鄱阳湖典型植被景观分类图所需遥感影像采集时间

年份	日期	年份	日期	年份	日期	年份	日期
1989	11 月 20 日	2000	4 月 16 日	2004	11 月 29 日	2008	5 月 16 日
1991	12 月 10 日	2001	3 月 2 日	2005	4 月 14 日	2008	12 月 10 日
1993	3 月 12 日	2001	11 月 21 日	2005	10 月 31 日	2009	4 月 9 日
1995	12 月 7 日	2003	3 月 8 日	2006	11 月 3 日	2009	10 月 26 日
1996	11 月 23 日	2003	11 月 3 日	2007	5 月 6 日	2010	3 月 11 日
1999	12 月 10 日	2004	4 月 19 日	2007	11 月 30 日		

1989-2010 年,鄱阳湖洲滩湿地草洲总面积约(988±154) km²。其空间分布特征不仅表现在其微观尺度上受水分梯度控制而形成的各植被类型条带状分布,还表现

在其全湖尺度上局部湖区的分布差异。从宏观角度上，鄱阳湖湿地植被的总体分布格局与鄱阳湖区地形总体特征亦具有密切关系。鄱阳湖湿地植被主要分布于湖泊的西南、南和东南部，北部湖区分布面积极小。形成这种总体分布格局是因为湖泊西南、南和东南部为各河流入湖湖口处，因泥沙淤积形成大规模三角洲滩地以及碟形洼地，而北部主要是丘陵山地。在局部湖区的分布比例如图 3-2 所示。

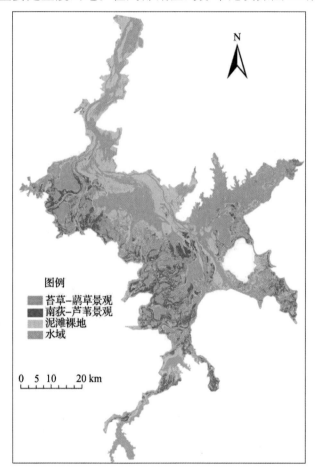

图3-2　鄱阳湖湿地各典型植被景观空间分布特征(2008年秋季)

二、洲滩湿地草洲分布面积变化趋势

1. 草洲分布总面积变化趋势

　　近 20 年鄱阳湖洲滩湿地总面积变化趋势的 M-K 检验结果如图 3-3(a)所示。鄱阳湖洲滩湿地草洲分布总面积总体上比较稳定，但在 2007 年以后呈现增加趋势，并在 2008-2009 年间其增长趋势达到 $P<0.05$ 的显著性水平，但 2010 年湿地面积又呈现与此趋势相反的大幅下降，这一现象可能与 2010 年秋季湖泊维持高水位有关。不同

类型植被景观带在洲滩湿地总面积中的占比变化如图3-3(b)所示,在草洲总面积变化不显著的情况下,各典型植被景观带的面积构成则发生了显著的变化,下文将结合各类型植被景观带面积变化趋势的M-K检验结果在下一部分进行详细阐述。

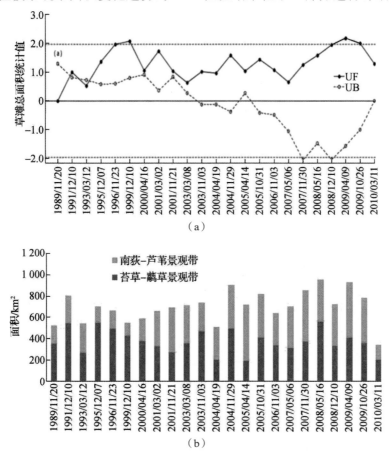

(a)

(b)

图3-3　鄱阳湖湿地植被草滩总面积年际变化趋势(a)及其构成演变(b)

2. 苔草-薹草景观带分布面积变化趋势

1989-2010年以来,鄱阳湖苔草-薹草景观带的分布面积变化趋势如图3-4所示。在1989-2007年间,苔草-薹草景观带分布面积总体上有弱减小趋势,且苔草-薹草景观带分布面积的弱减小趋势导致其分布面积在2000年前后发生结构性变化(通过M-K检验,并结合Chow分割点检验方法进行验证),并在2001年后维持在较低水平。然而在至2007年之后,苔草-薹草景观带分布面积转而出现弱增长趋势,且这一弱增长趋势导致其分布面积在2007年底又一次发生结构性变化。因此,苔草-薹草景观带分布面积在1989-2010年内有显著的波动变化,具体过程被划分成三个相对稳定的时段,即其平均面积在1989-2000、2001-2007年和2008-2010年分别为442 km²、345 km²以及376 km²,多年平均变化率为-8 km²/a。

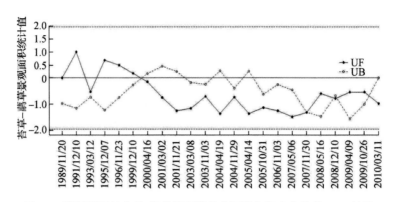

图3-4　鄱阳湖湿地苔草-藨草景观带分布面积年际变化趋势M-K检验

3. 南荻-芦苇景观带分布面积变化趋势

1989-2010年以来,鄱阳湖南荻-芦苇景观带的分布面积变化趋势如图3-5所示。近20年,不同于苔草-藨草景观带分布面积的弱减小转而弱增加的趋势,南荻-芦苇景观带分布面积呈现出显著且连续的稳定增长。其分布面积在1989-2010年的具体变化过程为:南荻-芦苇景观带分布面积的稳定增长导致其数值在2001年前后发生结构性变化,且其增长趋势在2004年后达到$P<0.05$的显著性水平。南荻-芦苇景观带分布面积在2001年前后平均值分别为196 km²和381 km²,多年平均变化率达到12.0 km²/a。

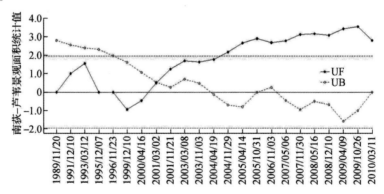

图3-5　鄱阳湖湿地南荻-芦苇景观带分布面积年际变化趋势M-K检验

4. 典型植被景观带面积变化趋势

综上所述,1989-2010年,鄱阳湖洲滩湿地总面积呈现出前期比较稳定,后期有显著增加的变化趋势,其由稳到增的转折年份为2007年。构成草洲总体的各典型植被景观带分别表现出如下的变化趋势:

(1)1989-2010年,苔草-藨草景观带分布面积呈现先减小后增加的波动变化趋势,且其面积由减少到增加的转折点同总体草洲面积发生变化的转折点相同,均为2007年。

(2)1989-2010年,南荻-芦苇景观带分布面积呈现显著且连续稳定增长的变化趋势,其变化方向与草洲总体面积的变化方向一致,但其变化程度,即面积增加的程度比总体草洲面积的增加程度具有更高的显著性。

综合对比1989–2010年间鄱阳湖湿地草洲总体分布面积、苔草–藜草景观带分布面积以及南荻–芦苇景观带分布面积的变化趋势可知,2007年以前,苔草–藜草景观带分布面积减少而南荻–芦苇景观带分布面积增加,进而使得草洲总面积保持相对稳定。2007年以后,苔草–藜草景观带分布面积以及南荻–芦苇景观带分布面积均呈增长趋势,进而使草洲总面积出现显著的增加。但2010年,所有景观带的面积都有回落,其主要原因可能为2010年秋季湖泊维持高水位。

第二节　鄱阳湖湿地植被高程分布规律及变化

一、典型植被景观带分布高程数据的处理方法

本研究首先构建局部湖区典型植被景观带在不同高程区间分布面积的直方图，由落入高程区间内的植被面积直方图观察植被高程分布特征。然后，以2.3%的典型植物群落分布高程范围确定该植被景观带在该湖区的高程分布下限，以植被高程分布下限的年际迁移量观察植被分布高程的变化趋势。最后，通过局部湖区高程数据和水位数据的空间归一化处理，得到植被高程分布下限迁移量 ΔH 和水位波动值 ΔW，以此分析典型植被景观带高程分布下限迁移量与水位波动值的联系，揭示关键水位波动变量对典型植被景观带分布高程的影响。

1. 典型植被景观带面积高程分布曲线

利用地理信息系统软件 ARCGIS 9.3 以及统计分析软件 R 3.0.0（http://www.r-project.org/），在对鄱阳湖区进行流域分割的基础上（6个局部湖区，即康山湖区、棠荫湖区、吴城（赣江）湖区、吴城（修水）湖区、都昌湖区、星子湖区），基于局部湖区10 m分辨率的DEM数据，在各局部湖区以高程数值变化范围以及0.5 m的高程间隔作为特征高程值，并以上述特征高程值绘制等高线，将各局部湖区洲滩湿地划分为相应的

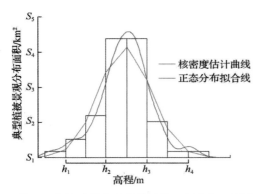

等高线间隔，即［min，min+0.5），［min+0.5，min+1），［min+1，min+1.5），…，［max−0.5，max］（其中min为该湖区最低高程，max为该湖区最高高程），作为基本统计单元。然后，基于30 m分辨率的植被类型数据，计算各典型植被景观类型在特定高程区间内的相对丰度，进而得到以1989−2010年植被景观高程分布为样本的鄱阳湖区植被景观面积在相应高程区间上分布的直方图。

图3-6　面积高程分布曲线及其正态拟合示意图

注：本书中的高程数据基于黄海高程基准面，水位数据基于吴淞高程基准面。

在此基础上,对该样本数据进行正态性检验,如果满足正态性,则得到鄱阳湖湿地植被分布理论高程。即由落入高程区间内的面积直方图观察植被高程分布特征,其具体方法如图3-6所示。

2. 由累积频率值确定局部湖区植被景观分布高程下限

在得到各典型植被景观类型在特定高程区间内的相对丰度基础上,同样基于统计分析软件 R 3.0.0,计算典型植被在高程区间上的累积分布概率,以 $P>2.3\%$ 的累积概率分布界线作为该植被景观类型的高程分布下限,即若 2.3% 的植被均分布在 H m以上,则高程值 H 被作为该植被景观类型的分布下限,其具体方法如图3-7所示。此外,因遥感植被类型解译的误差与地形图的误差叠加,导致最终植被景观类型高程分布下限存在一定误差。本研究将专业知识和统计学方法结合,即综合考虑特定观测值与其他样本值的关系以及各植被景观类型的分布关系对误差值进行识别和删除,具体采用的规则如下:(1)因原始数据近似正态分布,所以采用均数加减 2.5 倍标准差的方法识别离群值;(2)因正常情况下苔草–藜蒿景观分布高程下限<南荻–芦苇景观分布高程下限,如观测值违反这一规律,则视为离群值。采用以上规则对离群值进行剔除后,对各典型植被景观类型分布高程变化趋势及其对水位波动的响应实施进一步的分析。

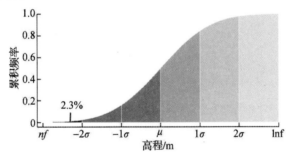

图3-7 典型植被景观分布下限 H 确定方法示意图

二、鄱阳湖典型湿地植被景观分布高程特征及其变化趋势

1. 鄱阳湖总体洲滩湿地植被景观分布高程特征及其变化趋势

1989–2010 年,鄱阳湖湿地典型植被景观分布高程具有显著的差异,具体表现为苔草–藜蒿景观带和南荻–芦苇景观带各自占据特定的生态位。其中,1989–2010 年全湖区苔草–藜蒿景观带的分布高程平均为 12.3 m;而全湖区南荻–芦苇景观带分布高程在 1989–2010 年平均为 13.5 m;而且,苔草–藜蒿景观带与南荻–芦苇景观带在很大的高程区间内处于交错分布的状态,而在高位洲滩属于南荻–芦苇景观的分布优势区域,而低位洲滩属于苔草–藜蒿景观的优势分布区域,如图3-8所示。

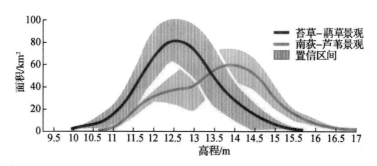

图3-8　1989-2010年鄱阳湖典型湿地植被景观面积高程分布曲线

1989-2010年，鄱阳湖典型植被景观带分布下限具有显著的变化（图3-9）。其中，苔草-藜草景观带分布下限在2000年以前均高于1989-2010年平均分布高程下限；在2000-2004年间，其高程分布下限基本在多年平均分布高程下限左右波动；而2004年以后，苔草-藜草景观分布高程下限具有显著的低于1989-2010年平均水平的趋势。与此同时，南荻-芦苇景观带分布高程下限在2000年以前亦均高于1989-2010年平均分布高程下限，但其比苔草-藜草景观带高于多年平均高程的幅度要高；在2000-2004年间，其高程分布下限同样基本在多年平均分布高程下限左右波动；2004年以后，南荻-芦苇景观分布高程下限亦具有显著低于1989-2010年平均水平的趋势。

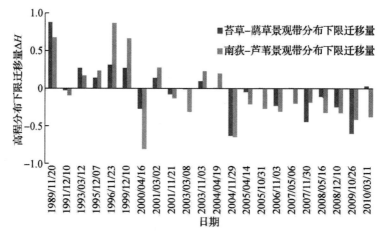

图3-9　鄱阳湖湿地典型植被景观带分布高程下限的变化趋势

2. 苔草-藜草景观带分布高程下限变化趋势

1989-2010年，鄱阳湖全湖区苔草-藜草景观带的高程分布下限平均为11.0 m。其中，康山湖区高程分布下限平均为11.5m，吴城（赣江）湖区高程分布下限平均为11.4 m，吴城（修水）湖区高程分布下限平均为10.9 m，棠荫湖区高程分布下限平均为10.8 m，都昌湖区高程分布下限平均为10.7 m，星子湖区高程分布下限平均为10.2 m。鄱阳湖苔草-藜草景观带高程分布下限表现为在上游的康山湖区最高，其次为中游的吴城（赣江）湖区、吴城（修水）湖区、棠荫湖区和都昌湖区，下游的星子湖区苔草-

麓草景观带高程分布下限最低(图3-10)。

　　1989-2010年,各局部湖区高程分布下限迁移幅度及显著性也呈现出明显的湖区差异(图3-10):南部靠上游的康山湖区,苔草-麓草景观带高程分布下限下降幅度最小(斜率:-0.05);中部靠中游的4个湖区中,吴城(修水)湖区和吴城(赣江)湖区苔草-麓草景观带高程分布下限下降幅度也相对较小(斜率:-0.06,-0.08),而都昌湖区苔草-麓草景观带分布高程则相对较大(斜率:-0.12),棠荫湖区则与其他湖区不同,为唯一一个高程分布下限上移的湖区(斜率:0.03);而北部靠下游的星子湖区,其苔草-麓草景观带高程分布下限则较其上游各湖区有更大幅度的下降(斜率:-0.20)。

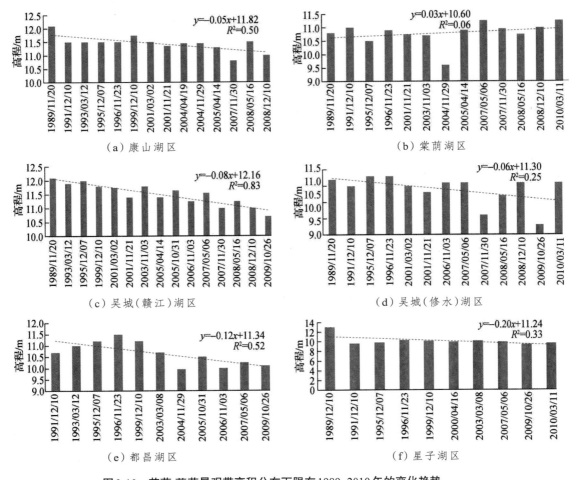

图3-10　苔草-麓草景观带高程分布下限在1989-2010年的变化趋势

3. 南荻-芦苇景观带分布高程下限变化趋势

　　1989-2010年,鄱阳湖全湖区南荻-芦苇景观带的高程分布下限平均为11.4 m。其中,康山湖区其高程分布下限平均为11.8 m,吴城(赣江)湖区高程分布下限平均为11.7 m,吴城(修水)湖区高程分布下限平均为11.4 m,棠荫湖区高程分布下限平均为

11.0 m，都昌湖区高程分布下限平均为 11.2 m，星子湖区高程分布下限平均为 10.9 m。鄱阳湖南荻-芦苇景观带的高程分布下限同样表现为在上游的康山湖区最高，其次为中游的吴城（赣江）湖区以及吴城（修水）湖区，同样位于中游的都昌和棠荫湖区其南荻-芦苇景观带高程分布下限则相对较低；下游的星子湖区高程分布下限最低（图3-11）。

1989-2010 年，鄱阳湖南荻-芦苇景观带的高程分布下限除棠荫湖区外，在所有局部湖区均呈下降趋势，且各湖区的高程分布下限向下迁移的幅度也由上游方向向下游方向逐步扩大（图3-11）。南部靠上游的康山湖区以及中部靠中游的吴城（修水）湖区和吴城（赣江）湖区，南荻-芦苇景观带高程分布下限下降幅度相对较小（其斜率均为-0.07）；而同样位于中游的都昌湖区其南荻-芦苇景观带高程分布下限则相对较

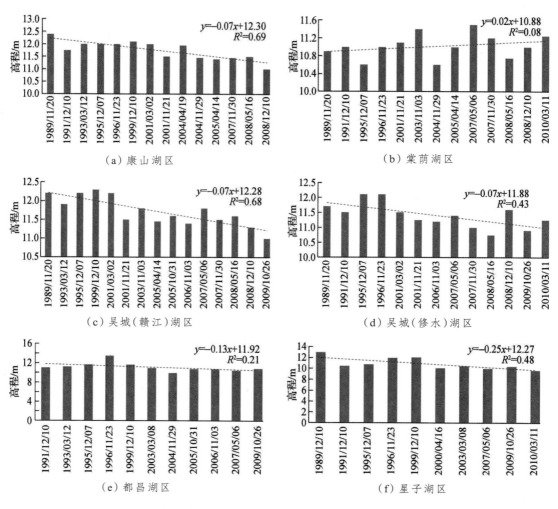

图3-11　南荻-芦苇景观带高程分布下限在1989-2010年的变化趋势

大(斜率:-0.13),棠荫湖区仍为唯一一个高程分布下限上移的湖区(斜率:0.02);北部靠下游的星子湖区,其南荻-芦苇景观带高程分布下限则较其上游各湖区有更大幅度的下降(斜率:-0.25)。

4. 典型植被景观带分布高程变化趋势

（1）鄱阳湖洲滩湿地总体分布高程及变化趋势

1989-2010年,全湖区苔草-藜草景观带的分布高程平均为12.3 m,南荻-芦苇景观带分布高程平均为13.5 m;两种典型植被景观带在很大的高程区间内处于交错分布的状态。1989-2010年间,两种典型植被景观带分布高程下限均表现为1989-2000年高于多年平均分布高程下限;在2000-2004年间,基本在多年平均分布高程下限左右波动;而2004-2010年则显著低于多年平均高程分布下限的阶段性特征。

（2）鄱阳湖洲滩湿地分布高程变化的空间差异

1989-2010年,两种典型植被景观分布高程下限表现出明显的空间差异,即南部靠上游的康山湖区高程分布下限下降幅度最小;北部靠下游的星子湖区高程分布下限下降幅度最大;中部靠中游的吴城(修水)湖区和吴城(赣江)湖区下降幅度小于同样位于中游的都昌湖区;棠荫湖区表现出与其他湖区截然相反的高程分布下限上升。

其可能的原因为:除棠荫湖区外,鄱阳湖其他湖区多为冲积三角洲洲滩,土壤透水性差,因此,水位下降同时土壤仍具有较高的含水量足以支撑湿地植被的生长。因此,其水位的波动导致湿地植被分布高程的下移而不是上移。上游的康山湖区因水位下降的幅度较小,因此植被分布下限的迁移量小,而处于下游的星子湖区因水位下降的幅度较大,因此植被分布下限的迁移量大,同样处于中游的两个吴城湖区,其植被分布下限迁移量均小于都昌湖区,其可能原因为,两个吴城湖区均处于鄱阳湖保护区,存在局部控湖工程的调节。由此可见,局部控湖工程的存在有利于洲滩典型植被景观分布面积的稳定。

棠荫湖区与其他湖区不同,其分布高程下限呈上升趋势。其可能的原因为,棠荫湖区为山区河流入湖的湖区,其水下地形存在无缓坡过度入湖的特征,可供湿地植被生长的洲滩区域狭窄且面积较小,且相对于三角洲洲滩而言,存在土壤透水性更好的特点。因此,同样的水位下降幅度,棠荫湖区洲滩的出露面积狭小,坡度较陡,且其土壤含水量下降迅速,出露区域因侵蚀严重不适合湿地植被的生长,因此,偏干的环境在导致其面积集聚萎缩的情况下导致其分布下限的上移。

第三节　鄱阳湖湿地植被地表生物量反演

湿地作为与森林、海洋并列的全球三大生态系统之一,在物质生产、涵养水源、污染物转移、提供动植物栖息地以及形成局部小气候等方面具有重要的生态功能(陈宜瑜 等,2003),而湿地植被是湿地生态系统的重要组成部分,在维持生态系统结构和功能方面起到十分重要的作用。在湖泊洲滩湿地生态系统的物质循环和能量流动中,植被作为主要的物质能量供应者而扮演重要的角色,又因植被构成湿地鱼类、水鸟和哺乳动物的主要栖息地,其属性变化意味着其他生物体生境的变化(Nilsson et al,1988;Pinay et al,2002)。植被生物量作为衡量湿地生态系统服务功能变化的重要指标之一,是研究湿地物质循环、能量流动和生产力的基础。因此,针对湿地植物生物量的准确估计不仅可以为生态系统碳储量及循环提供重要的参数,还能为生态资产定量测算提供重要的科学依据。

本研究利用遥感影像数据和实地植被调查数据,重建鄱阳湖2010~2016年秋冬季鄱阳湖典型植被群落(苔草、蒌草、藜蒿和南荻群落)空间分布格局序列;GIS 空间分析,阐明近7年鄱阳湖洲滩湿地主要植被带空间格局变化方式、特征和规律。基于机器学习算法估算鄱阳湖近7年植被 AGB 空间分布格局序列,阐明近7年鄱阳湖洲滩湿地主要植被类型 AGB 空间格局变化方式、特征和规律。

一、数据与方法

1. 基础数据

为开展鄱阳湖湿地植被生物量的研究,主要收集了3种基础数据,包括 Landsat 8 和 Landsat 7遥感影像数据、地形数据 DEM 以及野外调查和采样数据。

(1)遥感数据主要包括2010~2016年的10~12月覆盖鄱阳湖全部范围的4景 Landsat 8 和 3 景 Landsat 7数据。数据来源于 USGS(http://earthexplorer.usgs.gov/),具体影像时间见表3-3。遥感影像的选取标准为:时间为10~12月(此期间苔草、藜蒿尚处于生长旺季,而南荻和芦苇已经进入枯萎期)。含云量低于10%,降低其他环境因子对植被遥感解译的影响。DEM 数据来源于江西省水文局2010年1:10000湖泊地形数据。

表 3-3　影像类型及成像时间

时 间	影像类型
2010 年 11 月 6 日	Landsat 7
2011 年 10 月 8 日	Landsat 7
2012 年 10 月 26 日	Landsat 7
2013 年 10 月 21 日	Landsat 8
2014 年 10 月 24 日	Landsat 8
2015 年 10 月 11 日	Landsat 8
2016 年 12 月 16 日	Landsat 8

（2）野外调查数据：2016 年 12 月在鄱阳湖进行野外采样和实际定位勘点，在鄱阳湖湿地的 5 个主要典型洲滩（鄱阳湖湿地生态系统观测站码头洲滩 A、赣江支流东滩 B、四独洲洲滩 C、大汊湖洲滩 D 和大湖池洲滩 E，图 3-12）分别布置覆盖鄱阳湖四种主要植被类型的垂直于湖岸的沿高程上升的 121 个样带，样方大小为 1 m×1 m，分别记录每个样方的地理坐标、主要的植被类型和每种植被的数目和平均高度，割收样方框内的地表以上植被并称量鲜重，取表层 10~20cm 厚度土层于密封袋中，测量土壤的含水率（WC）和电导率（CD）等物理指标和总氮（TN）、总磷（TP）、有机碳（SOC）等化学指标，研究区位置及采样地点见图 3-12。

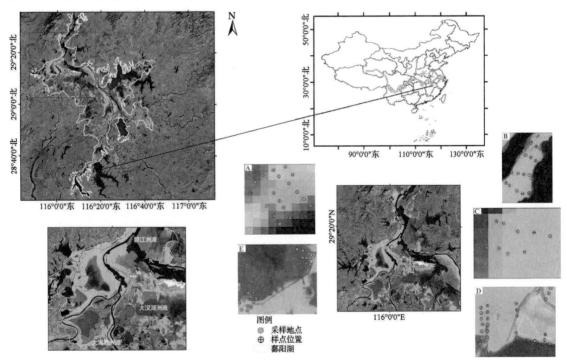

图 3-12　研究区位置图及采样点位置分布

（3）为了验证不同年份分类和AGB反演的精度，收集了来自中科院南京地理与湖泊研究所王晓龙副研究员2010、2011、2012、2014和2015年秋季野外采样的142个野外采样点数据（图3-13）。

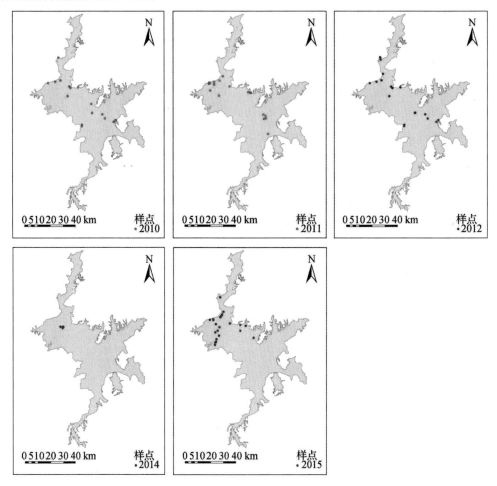

图3-13 2010、2011、2012、2014和2015年验证点空间分布（Wan et al, 2019, Frontiers in Plant Science）

2. 研究方法

（1）遥感影像融合及分类方法

① 基于小波变换的图像融合：图像融合是将两幅或多幅图像融合在一起，以获取对同一场景的更为精确、全面、可靠的图像描述。图像融合可分为三个层次：像素级融合、特征级融合、决策级融合（刘继琳 等，1998）。其中像素级融合是最低层次的融合，也是后两级的基础。它是将各原图像中对应的像素进行融合处理，保留了尽可能多的图像信息，精度比较高，因而倍受人们的重视。小波变换是图像的多尺度、多分辨率分解，它可以聚焦到图像的任意细节，被称为数学上的显微镜（晁锐 等，2004）。近年来，随着小波理论及其应用的发展，已将小波多分辨率分解用于像素级

鄱阳湖湿地时空格局演变及其水文响应机制

图像融合。小波变换本质是一种高通滤波,采用不同的小波基会产生不同的滤波效果。小波变换可以将原始图像分解成一系列具有不同空间分辨率和频域特性的子图像,针对不同频带子图像的小波系数进行组合,形成融合图像的小波系数。

基于小波变换的图像融合的流程具体步骤为:a. 分解,对每一幅图像分别进行小波变换,得到每幅图像在不同分辨率、不同频带下的小波系数;b. 融合,针对小波分解系数的特性,对各个不同分辨率上的小波分解得到的频率分量采用不同的融合方案和融合算子分别进行融合处理;c. 逆变换,对融合后的系数进行小波逆变换,得到融合图像。小波变换的固有特性使其在图像处理中有如下优点:a. 完善的重构能力,保证信号在分解过程中没有信息损失和冗余信息;b. 把图像分解成平均图像和细节图像的组合,分别代表了图像的不同结构,因此容易提取原始图像的结构信息和细节信息;c. 具有快速算法,它在小波变换中的作用相当于 FFT 算法在傅里叶变换中的作用,为小波变换应用提供了必要的手段。本研究采用的融合规则为局部方差最大法:

$$Var=\frac{1}{M \cdot N}\sum_{i=1}^{M}\sum_{i=1}^{N}I(i,j)-\mu^2 \tag{3.1}$$

式中,μ 为图像 I 的均值,M,N 分别为局部区域的行数和列数,这里取局部区域为 3×3。其具体规则如下:

$$D_{1,F}^{d}=\begin{cases} D_{1,A}^{d}(i,j) & Var_{1,A}^{d}(i,j) \geqslant Var_{1,B}^{d}(i,j) \\ D_{1,B}^{d}(i,j) & Var_{1,A}^{d}(i,j) < Var_{1,B}^{d}(i,j) \end{cases} \tag{3.2}$$

② 光谱信息散度法 SID(Spectral Information Divergence)是一种考虑光谱概率分布的随机方法,该方法由光谱曲线的形状出发计算各个信息点所包含的信息熵,通过比较信息熵的大小判断不同曲线的相似性(吴浩 等,2016)。这种方法考虑了影像中每个像元光谱概率的分布特征,通过比较它们的光谱信息熵断定两条光谱之间的相似性,克服了光谱角分类法(SAM)不能有效识别反射能量值的弱点,并且在识别影像的局部的光谱特征上更有优势(徐州 等,2009)。光谱信息散度 SID 具体定义如下:

$$I_i(\boldsymbol{x})=\lg\boldsymbol{a}_i \tag{3.3}$$

$$I_i(\boldsymbol{y})=\lg\boldsymbol{b}_i \tag{3.4}$$

$$a_i=x_i/\sum_{i=1}^{n}x_i \tag{3.5}$$

$$b_i=y_i/\sum_{i=1}^{n}y_i \tag{3.6}$$

$$D(\boldsymbol{x}\parallel\boldsymbol{y})=\sum_{i=1}^{n}a_i(I_i(\boldsymbol{y})-I_i(\boldsymbol{x})) \tag{3.7}$$

$$D(\boldsymbol{y} \parallel \boldsymbol{x}) = \sum_{i=1}^{n} b_i (I_i(\boldsymbol{x}) - I_i(\boldsymbol{y})) \tag{3.8}$$

$$SID(\boldsymbol{x}, \boldsymbol{y}) = D(\boldsymbol{x} \parallel \boldsymbol{y}) + D(\boldsymbol{y} \parallel \boldsymbol{x}) \tag{3.9}$$

式中,a_i,b_i 为第 i 光谱概率向量 $\boldsymbol{p}$,$\boldsymbol{q}$ 的第 i 个成分。x_i,y_i 为每个像元第 i 波段的灰度值。$I_i(\boldsymbol{x})$,$I_i(\boldsymbol{y})$ 是光谱向量 $\boldsymbol{x}$,$\boldsymbol{y}$ 的第 i 个波段的自信息。$D(\boldsymbol{x} \parallel \boldsymbol{y})$ 表示 $\boldsymbol{y}$ 相对于 $\boldsymbol{x}$ 的信息熵,$D(\boldsymbol{y} \parallel \boldsymbol{x})$ 表示 $\boldsymbol{x}$ 相对 $\boldsymbol{y}$ 的信息熵,$SID(\boldsymbol{x}, \boldsymbol{y})$ 是像元 $\boldsymbol{x}$,$\boldsymbol{y}$ 之间的信息熵。

（2）机器学习算法

① 支持向量机 SVM（support vector machine）简单地说是一个分类器。深度学习出现之前,SVM 被认为是机器学习中近十几年最成功、表现最好的算法之一（Robert,2012）。当 SVM 用于回归预测估计时,则称为支持向量回归机（SVR）。非线性 SVR 在解决非线性问题时就是要找到一个非线性函数 $f(x)$:

$$f(x, w) = \sum_{j=1}^{n} w_i \exp(-\gamma \parallel x - x_j \parallel^2) \tag{3.10}$$

式中 γ 是未知参数,x_j 为输入样本。未知参数 w 通过最优化下面的函数获取:

$$\min_{w \in \mathbb{R}} \frac{1}{2} \parallel w \parallel^2 + C \cdot \sum_{i=1}^{N} \max[1 - y_i(f(x_i, w) + b), 0] \tag{3.11}$$

其中,$C > 0$ 为惩罚系数。采用拉格朗日乘子法求解,b 为松弛变量,以解决约束条件不可实现的情况。将输入通过 $f(x)$ 映射到更高的维度甚至无穷维度的特征空间里,然后在该特征空间里构造出最优的分类面,从而使得样本空间里的非线性问题经过变换后可以成为线性问题,再在特征空间里通过求解经过转换后的线性问题的方法来求解原来的非线性问题。本研究中 γ,C 和 b 通过网格搜索率定范围,500 对参数参与实验并选取表现最好的一对参数。

② 反向神经网络 BPNN（Back Propagation Neural Networks）（Buscema,1998）是广为应用的一种网络,其原理与算法也是某些其他网络的基础。其网络结构一般包含输入层、隐含层与输出层这三层结构,其中隐含层可包括多层,相同层之间的节点无连接,层与层之间的节点采用全连接结构,输入层对于输入的元素不作任何处理,即经输入层节点的输入与该节点输出相同,除了输入层的节点外的节点都有一个激活函数,这些节点中的每一个都对输入矢量的各个元素进行相应的加权求和,然后使用激活函数作用于上面作为输出。

BP 算法使用梯度下降算法对网络中的各个权值进行更新,如果使用批量更新算法,设批量（batch）的大小为 p,采用平方误差和计算公式,那么一次 batch 的总误差为:

$$E = \sum_{i=1}^{p} E_i = \sum_{i=1}^{n} \frac{1}{2} \sum_{j=1}^{i} (y_{ij} - \widehat{y_{ij}})^2 \tag{3.12}$$

式中的 1/2 是为了计算方便。一般我们使用平均平方误差和作为目标函数,即

目标函数为:

$$F = \frac{1}{p}E = \frac{1}{2p}\sum_{i=1}^{p}\sum_{j=1}^{i}\left(y_{ij} - \widehat{y_{ij}}\right)^2 \tag{3.13}$$

按照梯度下降公式,每一次batch对各层之间的连接权值与偏置的更新方程为:

$$w_{ij}^{t} := w_{ij}^{t} - \alpha\frac{\partial F}{\partial w_{ij}^{t}} \tag{3.14}$$

$$b_{j}^{t} := b_{j}^{t} - \alpha\frac{\partial F}{\partial b_{j}^{t}} \tag{3.15}$$

因此神经网络的求解便落在求解连接权值矩阵 w 与偏置值 b 上面,通过梯度下降算法,我们需要求取 w_{ij}^{t} 与 b_{j}^{t} 的偏导数。

③ 随机森林 RF(Random Forest)是一种比较新的机器学习模型。随机森林实际上是分类树的集合,即在变量(列)的使用和数据(行)的使用上进行随机化,生成很多分类树,再汇总分类树的结果。随机森林在运算量没有显著提高的前提下提高了预测精度。随机森林对多元共线性不敏感,结果对缺失数据和非平衡的数据比较稳健,可以很好地预测多达几千个解释变量的作用,被誉为当前最好的算法之一(Cutler et al,2005)。随机森林主要应用于回归和分类。随机森林和使用决策树作为基本分类器的装袋算法(bagging)有些类似。以决策树为基本模型的bagging在每次自举(bootstrap)放回抽样之后,产生一棵决策树,抽多少样本就生成多少棵树,在生成这些树的时候没有进行更多的干预。而随机森林也是进行 bootstrap 抽样,但它与bagging的区别是:在生成每棵树的时候,每个节点变量都仅仅在随机选出的少数变量中产生。因此,不但样本是随机的,连每个节点变量(Features)的产生都是随机的。

具体实现过程如下:原始训练集为 N,应用bootstrap法有放回地随机抽取 k 个新的自助样本集,并由此构建 k 棵分类树,每次未被抽到的样本组成了 k 个袋外数据;设有mall个变量,则在每一棵树的每个节点处随机抽取mtry个变量,然后在mtry中选择一个最具有分类能力的变量,变量分类的阈值通过检查每一个分类点确定;每棵树最大限度地生长,不做任何修剪;将生成的多棵分类树组成随机森林,用随机森林分类器对新的数据进行判别与分类,分类结果按树分类器的投票多少而定。

上述三种机器学习算法结构如图3-14所示。

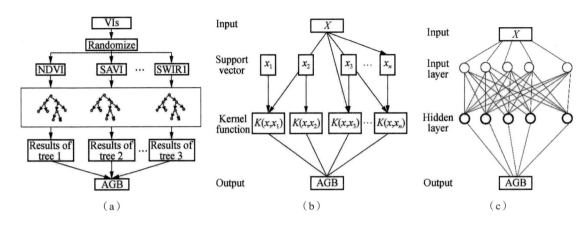

图3-14 三种机器学习模型算法结构图（Wan et al,2018,Journal of Applied Remote Sensing）

二、鄱阳湖洲滩湿地植被群落分类

1.湿地植被群落分类结果及其精度验证

鄱阳湖湿地洲滩植被存在明显的带状分布,由湖心沿坡岸从低往高上升大体上依次分布虉草带（*Phalaris arundinace*）,藜蒿带（*Aremisia selengensis*）,苔草带（*Carex cinerascen*）,南荻带（*Miscanthus sacchariflorus*）。虉草通常生长在近水的高程较低的地方,其土壤水分较高,而藜蒿带、苔草和南荻-芦苇带通常位于土壤含水量较少的高地,且南荻（芦苇）在 10 月下旬开始枯萎,此时其他植被带还处于生长旺季,苔草是鄱阳湖湿地分布面积最广的植被。以上这些先验知识为我们提供了利用遥感数据去识别四种主要植被群落（苔草、虉草、藜蒿和南荻）的可能。

表3-4 2010年秋季影像解译精度

植被	面积（km²）	百分占比（%）	分类精度（%）
苔草	494	15	79.4
虉草	209	6	73.2
藜蒿	127	4	74.8
南荻	176	5	80.1
水体	1 635	49	100.0
泥滩	607	18	93.4
裸地	87	3	96.6
总计	3 335	100	85.4

通过光谱信息散度 SID 分类器,实现了对鄱阳湖16年秋季4种主要湿地植被的分类。根据南昌大学2010年秋季考察鄱阳湖湿地制成的鄱阳湖湿地主要湿地植被类型空间分布（金斌松 等,2016）,随机选取2010年秋季的分类图中的466个包括四

种主要湿地植被的验证点进行对比,发现总体精度较好,具体分类精度见表3-4。为了验证其他年份影像的分类精度,我们在秋季2010、2011、2012、2014和2015年使用142个现场采样点数据进行验证,验证结果如表3-5所示。五年分类准确率为59.1%~73.7%。虽然采样点的大小相对较小,但由于环境条件的变化,例如水位变化、大气条件不稳定,结果是可以接受的。

表3-5　2010,2011,2012,2014和2015年秋季影像验证点分类精度

植被群落	2010		2011		2012		2014		2015	
	NOSP	PA(%)	NOSP	PA(%)	NOSP	PA(%)	NOSP	PA(%)	NOSP	PA(%)
苔草	7	71.4	3	100	7	57.1	10	60	18	72.2
薹草	5	60	4	75	5	80	2	50	16	56.3
藜蒿	3	33.3	8	50	4	50	6	50	11	63.6
南荻	4	75	9	66.7	4	75	4	75	12	66.7
Total	19	73.7	24	66.7	20	65	22	59.1	57	64.9

注:NOSP是指采样点的数量,PA指的是验证点分类精度。

2. 鄱阳湖湿地洲滩植被群落空间分布格局

从2010到2016年间植被的空间分布格局来看(图3-15),苔草的平均分布面积在4种植被中最大,为569 km²,其次为薹草和藜蒿群落分别为226 km²、200 km²,而南荻的分布面积最小,仅为120 km²。苔草在全湖范围均有分布,而薹草主要分布在蚌湖、赣江东滩和南矶山近水岸带,藜蒿在赣江东滩等地有分布,而南荻在蚌湖南部,赣江东滩中部,以及大湖池洲滩湿地两侧分布较多。水位主导的鄱阳湖湿地,在秋季其植被类型的空间分布年际之间有显著的变化。

从2010-2016年秋季年际变化来看,2011,2014,2015年秋季苔草的分布面积较大,均在600 km²以上,而2013年秋季是四种主要植被分布面积较为均匀的时段,2011和2013年薹草和藜蒿群落分布面积较其他年份的秋季明显较高。而对于南荻群落,2010年秋季是分布面积最小的时段,2011年秋季最高,2012和2013年基本持平,2014-2016年又逐年递增。

三、鄱阳湖洲滩湿地植被地表生物量

1. 鄱阳湖湿地植被地表生物量模拟

筛选出121个采样点中可用的94个样点,基于采样点的位置,分别提取2016年12月Landsat 8影像所在位置处的NIR、SAVI、NDVI、EVI和高程(Elevation)等8个变量作为4种模型的输入,而实际测量的AGB作为模型的输出值,比较4种不同的模型在模拟AGB的表现(图3-16,表3-6)。采用五折交叉验证的方式,率定4种模型的

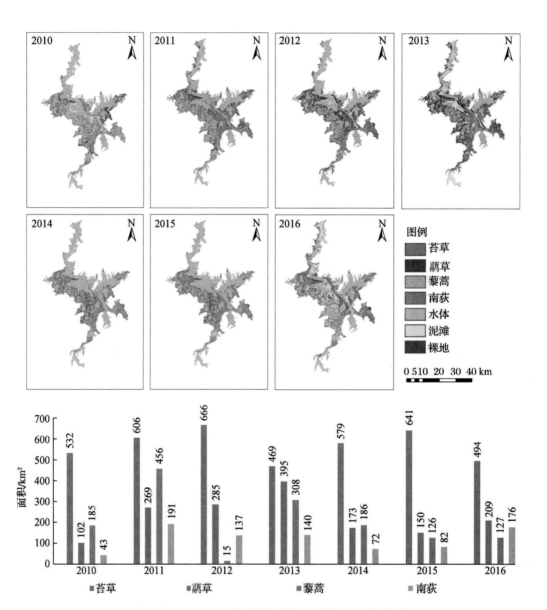

图3-15 2010—2016年秋季鄱阳湖主要植被分布及其面积统计

（Wan et al, 2019, Frontiers in Plant Science）

\鄱阳湖湿地时空格局演变及其水文响应机制

参数,并且随机选取18个点(19%)作为模型的验证样本。

表3-6 4种算法在训练集和测试集上反演精度

	训练集			测试集		
	$RMSE$(kg/m²)	R^2	MAE(kg/m²)	$RMSE$(kg/m²)	R^2	MAE(kg/m²)
RF	0.24	0.72	0.40	0.21	0.67	0.25
SVR	0.45	0.50	0.34	0.29	0.58	0.48
BPNN	0.46	0.46	0.36	0.27	0.65	0.51
LR	0.50	0.38	0.32	0.28	0.57	0.51

从模型在训练样本集上的表现来看,随机森林 RF 模型具有最好的表现,其 $RMSE$、R^2 分别为 0.24 kg /m² 和 0.72。SVR 模型的 MAE 值比 RF 低,只有 0.34 kg/m²,同时我们发现 SVR 和 BPNN 模型的 $RMSE$ 和 R^2 值较为接近,说明两者在训练集上的表现较为接近。而 LR 模型相对于其他的 3 种模型表现是最差的,3 种衡量模型表现的指标均为相对于其他 3 种模型均是最差的。通过在测试集上比较 4 种模型的泛化能力,可以发现 RF 模型相对于其他 3 种模型的泛化能力最好,其 $RMSE$、R^2 和 MAE 的值分别为 0.21 kg/m²、0.67 和 0.25 kg/ m²。而 BPNN 相对较优于 SVR,其优势在于 R^2 较高,达到 0.65。另外从验证集的实际采样 AGB 值和预测的 AGB 值的散点图分布(图3-16)来看,RF 模型与 BPNN 模型相比,它的预测值相对于拟合直线的分布更为均匀,说明 RF 模型的稳定性较好。线性回归模型 LR 的 $RMSE$ 为 0.28 kg/m²,R^2 为 0.57,可以发现 LR 模型的泛化能力较低。

2. 鄱阳湖洲滩湿地植被地表生物量空间分布变化

利用泛化能力最好的 RF 模型去预测鄱阳湖 2010 到 2016 年秋季的 AGB(图3-17)。我们将训练模型应用到 2010-2015 年的 AGB 反演中(除 2013 年),$RMSE$ 值为 0.41~0.52 kg/m²(表3-7)。虽然 $RMSE$ 值高于 0.21 kg/m²,但与先前研究中的 $RMSE$ 值相比较,这种精度结果是可接受的。从 AGB 的时间分布来看,2011、2012、2013 和 2015 年秋季鄱阳湖湿地的 AGB 处于一种相对高值的状态,特别是 2012 和 2015 年秋季。而 2010、2014 和 2016 年秋季鄱阳湖 AGB 则处于一种相对低值的状态。从空间分布总体看,除 2011 和 2015 年外,鄱阳湖湿地的西北和东南部 AGB 值较高,超过 1.2 kg/m²,而湖的西南和东北 AGB 平均水平较低。结合解译的 2010-2016 年秋季鄱阳湖 4 种主要湿地植被的分类图,我们统计得出 4 种主要植被在 2010-2016 年秋季的各自的生物量总值以及生物量密度(表3-8),可以发现:苔草具有最大的生物量的总值,因为其在鄱阳湖的分布面积最广,其平均生物量密度为 1.28 kg/m²,藜蒿和南荻群落其生物量总值分列二、三位,藕草生物量总值最小。而南荻群落因为其较为高大,且茎秆粗壮,故其平均 AGB 密度最高,为 1.39 kg/m²,苔草和藜蒿接近,分别为 1.28 kg/m² 和 1.26 kg/m²,藕草的分布较为稀疏,且由于靠近高程较低的水岸,容易被水淹没,故

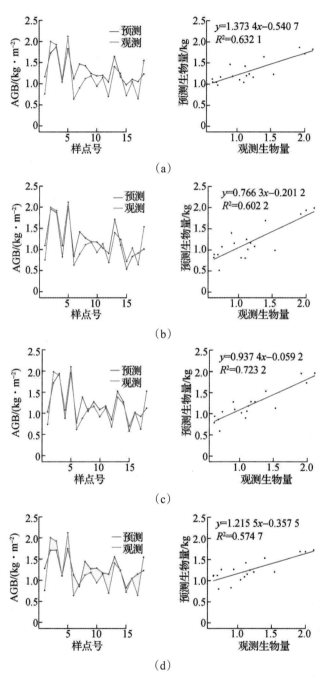

图3-16　4种算法的AGB反演效果(a为SVR,b为BPNN,c为RF,d为LR)

鄱阳湖湿地时空格局演变及其水文响应机制

其 AGB 密度值最低只有 0.64 kg/m²。

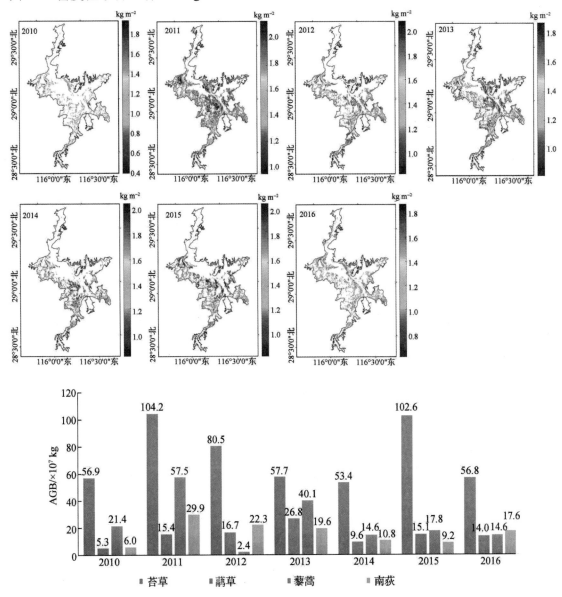

图3-17　2010−2016年秋季鄱阳湖AGB分布及其各种植被类型AGB总量统计

（Wan et al, 2019, Frontiers in Plant Science）

表3-7　2010,2011,2012,2014,2015 年验证点 AGB 反演精度

	2010	2011	2012	2014	2015
验证点数	19	24	20	22	57
$RMSE$（kg/m²）	0.52	0.47	0.52	0.49	0.41

表 3-8　2010-2016 秋季鄱阳湖主要植被类型 AGB 密度统计（kg/m²）

	苔草	藕草	藜蒿	南荻	均值
2010	1.07	0.52	1.16	1.48	1.06
2011	1.72	0.57	1.26	1.56	1.28
2012	1.22	0.56	1.73	1.65	1.29
2013	1.25	0.66	1.30	1.40	1.15
2014	0.93	0.53	0.77	1.50	0.93
2015	1.63	0.98	1.42	1.16	1.30
2016	1.15	0.67	1.16	1.00	0.99
均值	1.28	0.64	1.26	1.39	

3. 模型不确定性分析

RF 模型对输入变量重要性的评价结果表明，NIR、EVI、NDVI、SWIR1 和 Elevation 是对模拟鄱阳湖 AGB 精度影响最大的 5 个输入变量（图 3-18）。其相对重要性分别为 0.9、0.4、0.3、0.2、0.1。为了探究共线性对模型模拟精度的影响，只将 NIR 和 Elevation 作为 4 种模型的输入变量，比较两种情景下 4 种不同模型的表现，发现在训练集和测试集，4 种模型的精度均发生较为明显的变化（表 3-9）。对于 RF 和 LR 模型，训练集的 $RMSE$ 值分别从 0.24 kg/m²、0.50 kg/m² 上升到 0.32 kg/m²、0.52 kg/m²，但是 BPNN 和 SVR 在训练集上的表现几乎没有什么变化。对于 R^2，4 种模型具有不同程度的降低。对于测试集，可以发现 $RMSE$ 有明显的变化，特别是在 LR 模型（上升了 0.08 kg/m²），说明 LR 模型并不能很好地处理共线性问题，4 种模型的平均 R^2 值降低超过 0.1（RF：0.07；SVR：0.05；BPNN：0.14；LR：0.15），RF 模型的 MAE 值增加 0.08 kg/m²，所以我们有理由认为将 EVI、NDVI、SWIR1、Elevation 加入模型有助于提高模型的模拟精度，因为 EVI、NDVI 等指数一定程度上可以克服土壤和大气背景的影响，从而提高 AGB 的模拟精度。

数据采集时间的不一致性、大气条件的差异和湖泊水位的变化可能导致植被分类和 AGB 反演的误差。首先，时间不一致的数据包括不同的年份中影像的成像时间不同，还有影像成像时间和实际的野外工作时间的差异。通过选择秋季图像，并在 10 月下旬到 11 月下旬进行实地取样来减少误差。然而，有时并没有合适的图像，只能利用尽量接近的影像替代。例如，12 月 16 日的场景是 2016 最接近我们实地调查时间的唯一的陆地卫星图像。秋季，南荻、芦苇等植被进入 10 月至 11 月的抽穗期，地上部茎在 12 月下旬枯死。10 月至 11 月，藕草、藜蒿群落等稀疏植被开始枯萎死亡。苔草群落具有较长的寿命。在春秋两季，它已发展出两次显著的生长发育特征。在 9 月，水位下降，苔草群落开始生长，因为这些地点出露于水面。生物量在 10

月至 11 月达到最大值。虽然在此期间,这些植被群落的 AGB 变化不大,但光谱和 AGB 的差异仍然存在。其次,成像时间的大气条件会影响每个像素的灰度值,这会导致不同时间段之间地面上相同植被类型出现同物异值。这无疑会降低训练模型的泛化能力。理论上,与图像时间一致的点的验证时间可以产生最精确的精度,但是这样的标准是难以实现的。最后,季节变化的湖水水位和气候变化对植被分布和 AGB 密度的影响较大,这将增强模型的误差。鄱阳湖湿地植被在不同年份中的分布规律是同时存在的。此外,我们发现,在一些低洼地,藜蒿倾向与蘋草群落混合生长,从而降低了分类精度。

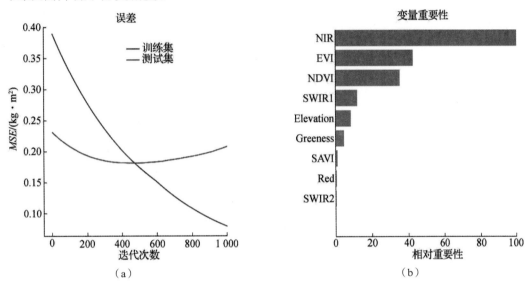

（a）　　　　　　　　　　　（b）

图3-18　输入各变量对模拟精度的影响

表3-9　输入变量为 NIR 和高程 4 种算法在训练集中和测试集上的精度

	训练集			测试集		
	$RMSE$（kg/m²）	R^2	MAE（kg/m²）	$RMSE$（kg/m²）	R^2	MAE（kg/m²）
RF	0.32	0.68	0.36	0.25	0.60	0.33
SVR	0.47	0.44	0.36	0.33	0.53	0.54
BPNN	0.48	0.37	0.27	0.31	0.51	0.52
LR	0.52	0.30	0.29	0.36	0.42	0.55

第四章　鄱阳湖湿地时空格局变化对水位波动的响应

第一节 鄱阳湖洲滩湿地典型植被景观带面积变化对水位波动的响应

一、研究方法

对各典型植被景观带分布面积与多周期水位波动变量进行多因素相关分析,得到植被面积与水位波动变量的相关系数,其绝对值均小于 0.7,如表 4-1 所示。由此可见,在水热组合条件良好的鄱阳湖区,水分在非极端条件下不是湿地植物生长的限制性因素,即其仅作为生境限制因子。因此,保证湿地生态系统健康状态的水位波动阈值研究是湿地植被水位波动响应研究的重点。

表 4-1 典型植被景观面积与各水位波动变量的相关系数

相关系数		苔草-藜草景观面积	南荻–芦苇景观面积	相关系数		苔草-藜草景观面积	南荻–芦苇景观面积
枯水季节	平均水位	0.15	−0.17	涨水季节	平均水位	−0.06	−0.60
	最高水位	0.03	0.12		最高水位	0.03	−0.45
	最低水位	0.19	−0.21		最低水位	0.05	−0.46
	水位变幅	−0.12	0.29		水位变幅	−0.03	0.14
丰水季节	平均水位	0.41	−0.53	退水季节	平均水位	0.20	−0.22
	最高水位	0.40	−0.66		最高水位	0.24	−0.07
	最低水位	0.36	−0.15		最低水位	0.02	−0.37
	水位变幅	0.06	−0.53		水位变幅	0.27	0.32
近前期	*AWI10	−0.02	−0.16	近前期	AWI25	0.12	−0.09
	AWI15	0.03	−0.12		AWI30	0.07	−0.10
	AWI20	0.07	−0.10				

*AWI 为 Antecedent Water-level Index 的缩写,即近前期水位指数,AWI 结合其后缀数字 x 可表示前 x 天的平均水位这一指标,并用于描述一系列近前期水位波动。

本研究采用分类与回归树模型（Classification and Regression Tree，CART）（Brei-man et al，1984），以其层次化的结构揭示众多水位波动变量对湿地植被面积的相对重要性，并以其第一分类变量的第一裂点估计关键水位波动变量维持植被景观面积稳定的可能阈值（Qian and Anderson，1999）。其基本原理如图4-1所示，CART模型是一种二元递归分解方法，输出变量为多分类型变量所建立的决策树。通过将响应变量划分到不同的子空间并将每个子空间分配给单个预测变量从而进行预测。在本研究中其具体应用为：依据水位波动变量值大于或小于某个计算出来的参数，连续地将典型植被景观面积分解到不同的子集中，保证子集内植被景观面积数据的同质性最大而子集间植被景观面积数据的异质性最大。

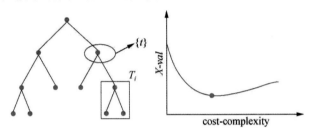

图4-1　CART模型原理（薛薇，陈欢歌，2010）

CART模型的构建主要包括两个过程，首先是CART模型的生长过程，其次是对充分生长的CART树进行剪枝。在本研究中，这两个过程即为：首先将所有的水位波动变量对植被景观面积数据的分组均进行计算并排序，然后，将对预测精度贡献相对较小的水位波动变量分组删除，得到精度较高且复杂度较小的水位波动对湿地植被面积影响关系预测规则。

CART树的生长过程本质是对训练样本的反复不断分组过程，并以基尼（Gini）系数和方差为基础选择最佳水位波动分组变量和该水位波动变量的最佳分割点，确保组内植被景观面积数据最强的同质性以及其组间最强的异质性。测度各个分组内植被景观面积数据异质性的Gini系数定义为：

$$G(t)=1-\sum_{j=1}^{k}p^2(j\mid t)\qquad(4.1)$$

其中，t为节点；k为输出变量的类别数，本研究中共包括21个水位波动变量；p为节点t中的样本输出变量取j的概率，在本研究中即为典型植被景观面积取j的概率。

各个分组内植被面积数据异质性的下降速率以Gini系数的减少量来测度：

$$\Delta G(t)=G(t)-\frac{N_r}{N}G(t_r)-\frac{N_l}{N}G(t_l)\qquad(4.2)$$

其中，$G(t)$和N分别为分组前输出变量的Gini系数和样本量，即植被景观面积数据的Gini系数和样本量，$G(t_r)$、N_r和$G(t_l)$、N_l分别为分组后右子树的Gini系数和样本量及左子树的Gini系数和样本量。

以上述两参数反复计算,得到各组内植被景观面积数据异质性下降最大的水位波动变量分割点,以此作为最佳分割点。最佳水位波动分组变量的确定方法与最佳分割点的确定方法相同,此处不再赘述。

CART 树的剪枝过程实质为对充分生长的 CART 树进行剪枝的过程,以保证得到精度较高且复杂性较小的预测结果。本研究中采用最小代价复杂度剪枝法(薛薇,2010),即 Minimal Cost Complexity Pruning(MCCP)方法来进行。在 MCCP 方法的具体执行中,首先要构建决策树 T 的代价复杂度参数如下:

$$R_a(T) = R(T) + a|\tilde{T}| \tag{4.3}$$

其中,$R(T)$ 表示决策树 T 在检验样本集上的分类误差,即以该水位波动变量的该分裂点对植被景观面积数据进行分类的误差;$|\tilde{T}|$ 表示决策树 T 的叶节点数目,a 为复杂度系数,表示每增加一个叶节点所带来的复杂度。

然后,构建内部节点 t 的代价复杂度参数如下:

$$R_a(\{t\}) = R(t) + a \tag{4.4}$$

其中,$\{t\}$ 表示内部节点 t 所代表的子树,即一个内部节点,$R(t)$ 为内部节点 t 上的分类误差,a 仍为复杂度参数。

如果内部节点 t 的代价复杂度 $R_a(\{t\})$ 大于其子树 T 的代价复杂度 $R_a(T)$,则该节点予以保留;反之,该节点不予保留。即根据在 k 个子树中确定一个代价复杂度最低的子树作为最终的修剪结果的原则,确定 CART 模型选择最终子树 T_{opt} 的标准是:

$$R(T_{opt}) \leqslant \min_k R_a(T_k) + m \times \sqrt{\frac{R(T_k)(1 - R(T_k))}{N'}} \tag{4.5}$$

其中,N' 是检验样本集的样本量,m 为放大因子。根据 MCCP 规则对充分生长的 CART 树进行剪枝,可得到复杂度相对较小,且预测误差也相对较小的 CART 树,即从众多的水位波动变量中提取出若干相对重要的水位波动变量,并保证其对植被景观面积的预测规则具有可靠的精度。

二、典型植被景观带分布面积对水位波动的响应

1. 苔草-薹草景观带面积变化对水位波动的响应

运用 CART 模型,以 21 个多周期、多指标水位波动衡量变量(表 4-1)为输入变量,以苔草-薹草景观带分布面积为输出变量,所得出的运行结果如图 4-2 所示:在多周期水位波动对苔草-薹草景观带分布面积的影响效应中,以丰水季节平均水位对苔草-薹草景观带分布面积的影响最为显著,其次为退水季节最低水位。CART 模型运行结果对苔草-薹草景观带分布面积的具体预测规则为:若丰水季节平均水位低于 16.8 m,则苔草-薹草景观带分布面积将呈阶跃式缩小,面积值在 325 km² 左右波动。在丰水季节平均水位高于 16.8 m 的情况下,苔草-薹草景观带分布面积主要取决于退水季节

最低水位。若退水季节最低水位小于 11.2 m，则苔草–藨草景观带分布面积将呈阶跃式的增加，平均值在 506 km² 左右波动；反之，苔草–藨草景观带分布面积将处于以上两种状态的中间状态，即均值在 379 km² 左右。可见，丰水季节平均水位的偏高可以促进苔草–藨草景观带分布面积的扩大；退水季节偏枯的水情亦对苔草–藨草景观带分布面积的扩大有促进作用。

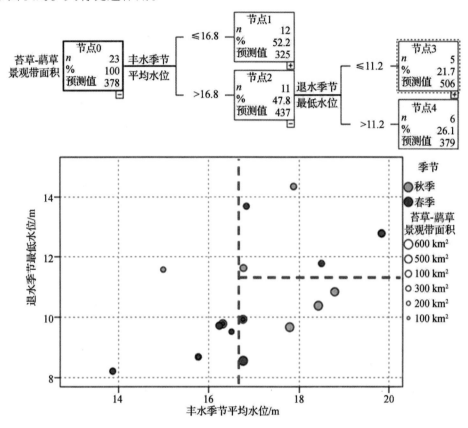

图4-2　苔草-藨草景观带分布面积对水位波动的响应

对于苔草-藨草景观带而言，首先，因为其位于中低位滩地，在长达4个月甚至以上的丰水季节，苔草-藨草景观带植物地上部分基本上被水淹没而死亡，由此带来的相关影响有：①一方面，大量泥沙沉积可带来丰富的养分；②另一方面，由于淹水时间长，死亡植物残体大部分被补充进入植物–土壤界面系统进而提高表层土有机质含量；③此外，苔草–藨草景观带的主要植物类型为粉绿苔草（*Carex Cinerascens*）、阿及苔草（*C. argyi*）和单性苔草（*C. unisexualis*），其季相变化过程与鄱阳湖湿地其他植物种类有明显的差异，即在淹水状态下存在休眠策略（朱海虹，1997）。每年初春，苔草萌生，3月份之后进入生长盛期；5月份之后，随着湖水的持续上涨而被淹没，转入休眠状态，其地上植株腐死，景观外貌完全消失。汛后，由于湖水退落，苔草能再次萌生，至9月下旬达到下半年最大覆盖度，而其他植物种类则会因淹水而死亡。苔草-藨草群落植物的此种生理特征促使丰水季节高水位后其分布面积的扩展。因此，丰水季节平均水位的偏高会通过上述三种机制促进苔草–藨草景观带分布面积的膨胀，反之则会对苔草–藨草景观带分布面积产生抑制。

同样对于苔草–藨草景观带而言，退水季节是苔草的秋季生长期，退水后的滩地是苔草–藨草景观带植物的生长区域。因为退水季节最低水位直接决定滩地出露面积，并影响滩地出露时间，而出露面积的增大有利于扩大苔草的生长范围，出露时间的延长有利于苔草植被的生长。因此，退水季节最低水位的偏低值会通过上述两个机制促进苔草–藨草景观带分布面积的增长，反之则会对苔草–藨草景观带分布面积造成负面效应。

2. 南荻–芦苇景观带面积变化对水位波动的响应

运用 CART 模型，以 21 个多周期、多指标水位波动衡量变量（表 4-1）为输入变量，以南荻–芦苇景观带分布面积为输出变量，所得出的运行结果如图 4-3 所示：在多周期水位波动对南荻–芦苇景观带分布面积的影响效应中，以丰水季节最高水位对

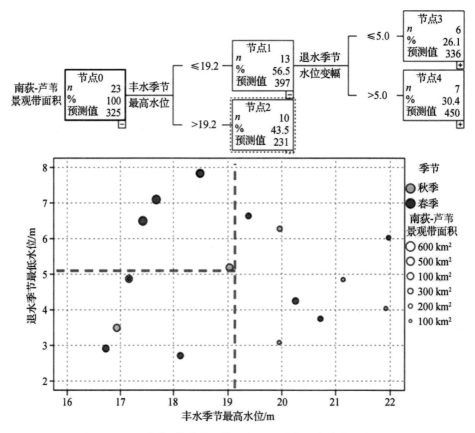

图4-3 南荻–芦苇景观带分布面积对水位波动的响应

南荻–芦苇景观带分布面积的影响最为显著,其次为退水季节水位变幅。CART模型结果对南荻–芦苇景观带分布面积的具体预测规则为:若丰水季节最高水位高于19.2 m,则南荻–芦苇景观带分布面积将呈阶跃式缩小,面积值在231 km² 左右波动。在丰水季节最高水位低于19.2 m的情况下,南荻–芦苇景观带分布面积主要取决于退水季节水位变幅。若退水季节水位变幅高于5.0 m,则南荻–芦苇景观带分布面积将呈阶跃式的增加,平均值在450 km² 左右波动;反之,南荻–芦苇景观带分布面积将处于以上两种状态的中间状态,即均值约为336 km²。可见,丰水季节的极端高水位会对南荻–芦苇景观带分布面积产生抑制作用;而退水季节偏枯的水情则会对南荻–芦苇景观带分布面积的扩大有促进作用。

对于南荻–芦苇景观带而言,首先,因其位于高位滩地,丰水季节最高水位对其的影响相比平均水位更为显著。丰水季节最高水位因持续时间较短,其对南荻-芦苇景观带植物生长状态的影响主要体现在淹没导致其分布面积的减小。同样对于南荻–芦苇景观带而言,退水季节水位变幅直接影响退水过程的快慢,退水迅速,鄱阳湖区提前进入偏枯状态,则会导致南荻–芦苇景观带分布面积的膨胀;退水缓慢,鄱阳湖区处于偏丰状态,则南荻–芦苇景观带分布面积保持在适中的状态。因此,退水季节偏高的水位变幅,会导致南荻–芦苇景观带分布面积的膨胀;反之,会导致南荻-芦苇景观带分布面积的缩小。

3. 分布面积变化对水位波动的响应关系小结

综上所述,苔草–藜蒿景观带分布面积以及南荻–芦苇景观带分布面积均与湖泊丰水季节的淹没和退水季节的出露这一水位波动存在显著的非连续阈值性响应。但两种季节的水位波动对两种典型植被景观分布面积的影响又存在显著的差异。

(1)丰水季节水情是决定苔草–藜蒿景观带分布面积和南荻–芦苇景观带分布面积最为重要的水位波动变量。丰水季节的高水情促进苔草-藜蒿景观带分布面积的扩大,而抑制南荻–芦苇景观带的分布面积;反之,丰水季节的较低水情则可能导致南荻–芦苇景观带分布面积的膨胀,而抑制苔草–藜蒿景观带的分布面积。此外,苔草–藜蒿景观带分布面积对丰水季节平均水位的响应更为敏感,而南荻–芦苇景观带分布面积则对丰水季节最高水位的响应更为敏感,这与两种景观带的分布高程具有显著的关系。

(2)退水季节水情是影响苔草–藜蒿景观带分布面积和南荻–芦苇景观带分布面积次重要的水位波动变量:退水季节的偏枯水情对苔草–藜蒿景观带和南荻–芦苇景观带的分布均存在促进作用。不同的是,苔草–藜蒿景观带对退水季节最低水位的响应更为敏感,而南荻–芦苇景观带对退水季节水位变幅的响应更为敏感。

三、典型植被景观带分布面积对水位波动响应关系的典型年验证

为进一步验证关于典型植被景观带分布面积变化对水位波动响应研究的结论，本研究结合典型水情年，即典型的丰水季节高水情年份、典型的丰水季节低水情年份以及典型的退水季节枯水情年份，对其当年的植被景观带分布图进行补充验证，并进一步评估典型高洪水位、低洪水位与枯水期提前三种水位波动异常事件对湿地植被景观带发展和消退的时空过程影响。

1. 典型水位波动情势年份的选取

综合考虑已有植被类型解译序列图年份以及该年份的丰、平、枯水情特征，最终选取1999年作为丰水季节典型高水情年份，因1999年丰水季节平均水位高达19.8 m，高于1989—2010年丰水季节平均水位的均值17.3 m达2.5 m。选取2001年作为丰水季节典型低水情年份，因2001年丰水季节平均水位仅为15.0 m，低于1989—2010年丰水季节平均水位的均值17.3 m达2.3 m。另外，选取2006年作为退水季节典型低水情年份，因2006年退水季节平均水位低至9.4 m，低于1989—2010年退水季节平均水位的均值13.3 m达3.9 m。鄱阳湖星子站1999、2001和2006年日平均水位过程线如图4-4所示。

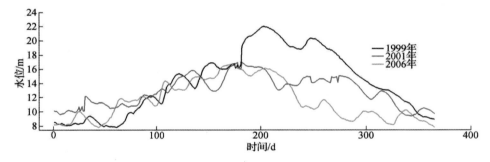

图4-4　鄱阳湖星子站1999、2001和2006年日平均水位过程线

2. 洲滩湿地各植被景观带在典型水文年的分布面积

丰水季节水情是决定苔草-藜草景观带分布面积和南荻-芦苇景观带分布面积最为重要的水位波动变量。如图4-5所示，在丰水季节典型高水情的年份1999年，鄱阳湖湿地苔草-藜草景观带分布面积呈现全湖区性新增，膨胀至431 km²，与此同时，南荻-芦苇景观带分布面积呈现全湖区性减少，面积压缩至123 km²；而在丰水季节典型低水情的年份2001年，鄱阳湖湿地苔草-藜草景观带分布面积则呈现全湖区性的减少，面积压缩至277 km²，与此同时，南荻-芦苇景观带分布面积呈现全湖区性新增，面积膨胀至422 km²。由此进一步证实，丰水季节的高水情的确对苔草-藜草景观带分布面积的扩大有促进作用，而对南荻-芦苇景观带的分布面积有切实的抑制作用；反之，丰水季节的较低水情对南荻-芦苇景观带分布面积的膨胀有明显的促进作用，而对苔草-藜草景观带分布面积的扩展有明显的抑制作用。极端洪水和极端干

旱年份鄱阳湖湿地景观结构的变化也进一步证实,典型年丰水季节的极端洪涝和极端干旱情况转换,可对苔草–薹草景观和南荻–芦苇景观分布面积造成数量上的置换。

退水季节水情是影响苔草–薹草景观带分布面积和南荻–芦苇景观带分布面积次重要的水位波动变量。同样如图4-5所示,在退水季节典型低水情的年份2006年,鄱阳湖湿地苔草–薹草景观带分布面积为343 km²,南荻–芦苇景观带分布面积为302 km²,两种典型植被景观在分布上均有一定的扩展,达到竞争的平衡状态。由此进一步证实,退水季节偏枯水情对苔草–薹草景观带和南荻–芦苇景观带的分布均存在促进作用。

综合对比3个典型水文年鄱阳湖湿地两种典型植被景观带分布图可知,苔草–薹草景观带新增位置与南荻–芦苇景观带减少位置重叠,且位于活跃洲滩的中部。由此可见,丰水季节高水情造成苔草–薹草景观对南荻–芦苇景观的挤占,丰水季节低水情造成南荻–芦苇景观对苔草–薹草景观的挤占,且挤占区域主要位于活跃洲滩的中部,而活跃洲滩的前缘属于苔草–薹草景观的稳定分布区域,活跃洲滩后缘则属于南荻–芦苇景观的稳定分布区域。退水季节的偏枯水情会导致苔草–薹草景观与南荻–芦苇景观的共同增长,而两者平衡竞争的区域也为活跃洲滩的中部,竞争的结果表现为两种典型植被景观类型在活跃洲滩中部交错分布。

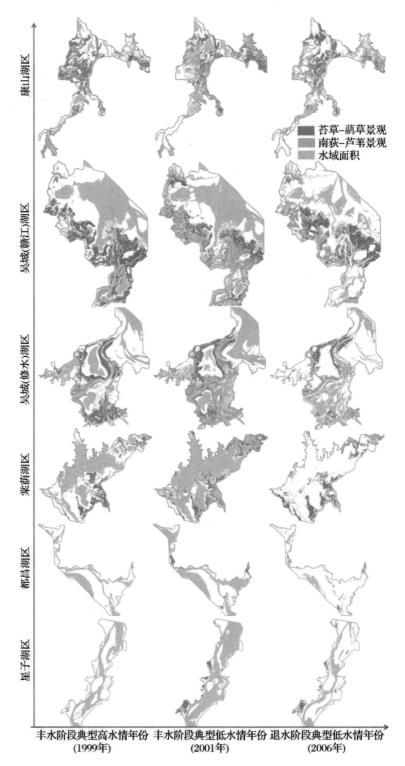

图4-5 鄱阳湖局部湖区两种湿地植被在典型水文年的分布特征

鄱阳湖湿地时空格局演变及其水文响应机制

第二节 鄱阳湖洲滩湿地典型植被景观带分布高程变化对水位波动的响应

一、研究方法

1. 局部湖区植被景观分布高程和水位波动的空间标准化处理

因鄱阳湖局部湖区之间地形高程存在基底值的差异,其区域内可进一步划分为内部高程较为均一、水位波动情势较为一致的6个局部湖区,而在局部湖区之间,其高程以及水位波动的空间差异不可忽视。因此,对高程数据以及水位波动数据的空间标准化处理十分必要。本研究对高程以及水情的空间差异做如下处理:

以局部湖区典型植被景观分布下限 H 减去该湖区对应植被景观类型多年平均分布高程下限 $\bar{H}$,得到高程分布下限迁移量 ΔH,以剔除局部湖区间高程基底值的差异,保证局部湖区植被分布高程数据的可比性。高程分布下限迁移量的计算剔除了局部湖区间高程基底值的差异,属于高程的空间归一化处理(王劲峰 等,2010)。

同时,以局部湖区水文控制站的水位波动变量 W 减去该水文站2006年此水位波动变量的值 W_{2006},得到该湖区此水位波动变量的波动量 ΔW,以剔除局部湖区间水位波动变量基底值的差异,保证局部湖区水位数据的可比性。水位波动变量波动量的计算剔除了局部湖区间高程基底值差异叠加在水位波动变量上的影响,属于水位波动状态的空间标准化处理(王劲峰 等,2010)。

最终,通过分析典型植被景观高程分布下限迁移量 ΔH 与水位波动变量波动量 ΔW 的联系,揭示水位波动变量的波动对典型植被景观分布高程下限的影响。

2. 湿地典型植被景观带高程分布下限与关键水位波动变量关系的建立

在上一节中,已通过 CART 模型筛选出2个影响湿地典型植被景观带空间分布的关键水位波动周期,即丰水季节水位波动和退水季节水位波动。其中,丰水季节水位波动情势对湿地植被空间分布的阈值性影响更加明显。而退水季节正好是秋季湿地植物的生长期,并先于次年的湿地植被春季生长期,其对湿地植物空间分布的连续性影响更为重要。因此,本研究选择退水季节平均水位作为衡量水位波动对洲滩湿地典型植被景观分布高程影响进一步分析的水位波动变量。

植被景观分布高程下限 ΔH 对退水季节平均水位波动量 ΔW 响应关系的建立,本研究考虑使用一元线性回归模型 $\Delta H = a + b\Delta W$，并采用最小二乘法对此标准单方程进行回归系数估计。其中，系数 a 是回归中的常数，它是当自变量退水季节平均水位波动量为零时预测的植被景观分布高程下限迁移量；系数 b 是自变量退水季节平均水位波动量对因变量植被景观分布高程下限迁移量的边际效应。即方程中 a 代表自发高程下限迁移量，表示退水季节平均水位波动量等于零时的植被分布高程下限迁移水平；而 b 代表了边际高程下限迁移量，即退水季节平均水位每变化 1 m，植被分布高程下限将变化 bm。

二、典型植被景观带分布高程变化对水位波动的响应

1. 苔草-蓼草景观带分布高程变化对退水季节水位变化的响应

如图4-6所示，鄱阳湖苔草-蓼草景观带高程分布下限迁移量 ΔH 对退水季节平均水位波动量 ΔW 的响应关系可用一元线性回归模型描述为 $\Delta H = -0.27 + 0.12\Delta W$，其中，方程系数 -0.27（$P < 0.01$）代表苔草-蓼草景观带分布高程下限的自发迁移量，即水位波动值 ΔW 等于零时的苔草-蓼草景观带分布高程下限迁移水平；而方程系数 0.12（$P < 0.001$）代表苔草-蓼草景观带分布高程下限边际迁移量，即退水季节平均水位每下降 1 m，苔草-蓼草景观带分布高程下限将下移 0.12 m。即 1989~2010 年鄱阳湖湿地苔草-蓼草景观带高程分布下限在退水季节平均水位每单位变动下的迁移速率是 0.12 m。

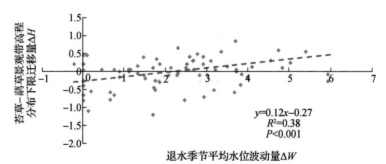

图4-6　苔草-蓼草景观带高程分布下限迁移量 ΔH 与退水季节平均水位波动量 ΔW 的关系

2. 南荻-芦苇景观带分布高程变化对退水季节水位变化的响应

如图4-7所示，鄱阳湖南荻-芦苇景观带高程分布下限迁移量 ΔH 对退水季节平均水位波动量 ΔW 的响应关系可用一元线性回归模型描述为 $\Delta H = -0.33 + 0.15\Delta W$，其中，方程系数 -0.33（$P < 0.01$）代表南荻-芦苇景观带分布高程下限的自发迁移量，表示水位波动值 ΔW 等于零时的高程分布下限迁移水平；而方程系数 0.15（$P < 0.001$）代表了南荻-芦苇景观带分布高程下限边际迁移量倾向，即退水季节平均水位每下降 1 m，南荻-芦苇景观带分布高程下限将下移 0.15 m。即 1989~2010 年，鄱阳湖湿地南荻-芦苇景观带高程分布下限迁移量 ΔH 在退水季节平均水位每单位波动量 ΔW 变动下

的迁移速率是 0.15 m。

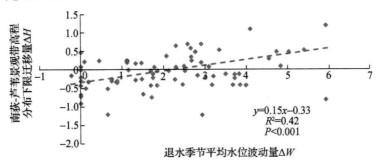

图4-7　南荻-芦苇景观带高程分布下限迁移量 ΔH 与退水季节平均水位波动量 ΔW 的关系

三、典型植被景观带分布高程变化对水位波动响应关系的典型年验证

为进一步验证本研究关于典型植被景观带分布高程变化对水位波动响应研究的结论,本研究结合典型水情年,即典型的退水季节高水情年份、平水情年份以及枯水情年份,对当年的植被景观带分布高程进行补充验证,并进一步评估退水季节水位波动异常事件对湿地植被景观带发展和消退的时空过程影响。

1. 典型水位波动情势年份的选取

综合考虑已有植被类型解译序列图年份以及该年份退水季节水情特征,可以发现,1999 年、2001 年、2006 年退水季节水位呈现明显的梯度,3 个年份退水季节平均水位依次为 15.3 m,13.5 m 和 9.4 m,如图4-4所示。因此,本研究最终选取 1999 年作为退水季节典型高水情年份,2001 年作为退水季节典型平水情年份,2006 年作为退水季节典型低水情年份,在退水季节平均水位梯度明显的 3 个年份验证退水季节平均水位对典型植被景观分布高程的影响。

2. 洲滩湿地各植被景观带在退水季节典型水情年的分布高程

退水季节水情是决定苔草–藜草景观带分布高程和南荻-芦苇景观带分布高程最为重要的水位波动变量。就苔草–藜草景观带分布高程而言,在退水季节典型高水情年份 1999 年,鄱阳湖湿地苔草–藜草景观带分布高程较高,约 12.8 m;2001 年,苔草–藜草景观带分布高程随退水季节水情的由丰转平而降低,约 12.1 m;在退水季节偏枯年份 2006 年,苔草–藜草景观分布高程随退水季节平均水位的急剧降低而下降至约 12.0 m(图4-8)。

对于南荻–芦苇景观带分布高程而言,南荻-芦苇景观带分布高程随退水季节水情的由丰转枯而下降,由 1999 年的 13.75 m 下降至 2001 年 13.0 m,符合本研究得出的湿地植被景观带分布高程随退水季节水情的由丰转枯而下降的趋势,但因 2006 年极端干旱情况下的面积萎缩,南荻–芦苇景观带分布高程并未比 2001 年有显著的下降,但相对于退水季节的偏丰年份 1999 年,其分布高程依然呈下降趋势,即约 13.6 m(图4-8)。

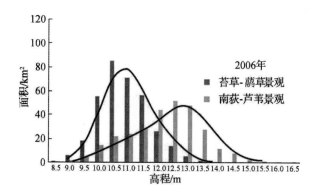

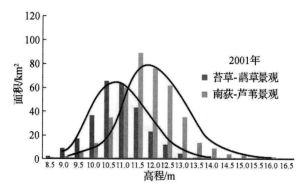

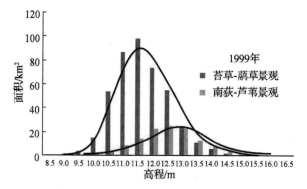

图4-8 鄱阳湖两种典型湿地植被景观在退水季节典型水情年的高程分布特征

（Wan et al，2018，Wetlands）

第五章　鄱阳湖湿地植被地表生物量分布对环境因子的响应

第一节　鄱阳湖典型洲滩湿地土壤理化因子分布特征

鄱阳湖复杂的水文环境,导致各种洲滩所处的水文环境不同,而人为地对局部湖区进行闸控又导致湖区内水文环境受到非自然因素的干扰,因而其表现出与未控湖泊的差异。这种自然和非自然因素的共同作用,导致了3种洲滩湿地类型的土壤化学因子分布的差异性。为比较鄱阳湖3种主要洲滩:碟形洼地(闸控和无闸控)和冲积三角洲湿地地表生物量(Above-ground biomass,AGB)对环境因子的响应关系,于2016年11月底至12月初(秋季)鄱阳湖典型洲滩湿地进行野外采样和调查,分别选取碟形洼地包括大汊湖洲滩湿地(无闸控)、大湖池洲滩湿地(闸控)以及冲积三角洲赣江洲滩湿地作为3种典型洲滩湿地的代表。沿湖心随高程递增每隔一定距离设置1 m×1 m样方,分别记录并统计不同类型洲滩湿地及其主要植被群落下土壤各因子和AGB的分布水平。

一、鄱阳湖典型洲滩土壤理化因子分析

1. 典型洲滩土壤化学因子分布

采集的土壤样本,检测了9种土壤化学指标,包括:pH、总氮(TN)、有效氮(AN)、总磷(TP)、有效磷(AP)、总钾(TK)、速效钾(AK)、全碳(TOC)和有机碳(SOC)。从3种洲滩湿地土壤化学因子的分布水平来看(表5-1,图5-1):pH在3种洲滩土壤的分布特征与TK类似,大汊湖、大湖池和赣江3个洲滩湿地土壤的均值依次为5.35、4.92和4.99。pH在大汊湖分布离散且异常点多,说明在该洲滩土壤pH的异质性较强;AN则是大湖池洲滩土壤略高于大汊湖和赣江洲滩土壤,而赣江和大汊湖均值差异性不明显,大汊湖、大湖池和赣江3个洲滩湿地的AN均值依次为68.20 mg/kg、94.80 mg/kg和57.07 mg/kg;TP在各洲滩土壤的分布大小次序是大湖池>赣江>大汊湖,受控的大湖池洲滩土壤明显高于未控的大汊湖洲滩土壤;AP在3种洲滩土壤的分布水平则与TK和pH相反,依次为大汊湖<大湖池<赣江,3个洲滩湿地土壤AP的均值依次为3.30 mg/kg、5.20 mg/kg和6.22 mg/kg,说明碟形洼地洲滩的AP小于冲积三角洲,且其AP的分布水平总体上变化不大;TK分布的平均水平依次是大汊湖>大湖池>赣江,依次为18 754.77 mg/kg、9 052.03 mg/kg、5 904.23 mg/kg,大汊湖洲滩土壤

TK明显高于大湖池和赣江洲滩湿地土壤,相当于大湖池的2倍,赣江的3倍多,代表碟形洼地的两种湿地土壤中TK分布较冲积三角洲湿地更为离散。从AK的分布来看,3种洲滩并无明显差异;TN、SOC和TOC这3个因子在3种洲滩土壤的分布规律较为一致,均是大湖池>赣江>大汊湖,其中TN在3个洲滩土壤的平均值分别为0.15%、0.26%、0.18%,SOC在3种洲滩土壤的平均值分别为1.71%、2.87%、2.02%,TOC在3个洲滩的平均值分别为1.80%、3.03%、2.25%。受控的大湖池洲滩土壤相对于无闸控的大汊湖,这3种因子分布水平均高得多,同时受控的大湖池洲滩土壤TN、SOC、TOC异常值相对于其他两种类型的分布较多,说明在该种洲滩这3种因子的异质性较强。

表5-1 3种洲滩湿地土壤化学因子分布水平均值统计

洲滩		pH	TN (%)	AN (mg/kg)	TP (mg/kg)	AP (mg/kg)	TK (mg/kg)	AK (mg/kg)	TOC (%)	SOC (%)
大汊湖	M	5.35	0.15	68.20	1 109.34	3.30	18 754.77	959.21	1.80	1.71
	SD	0.79	0.09	41.99	517.21	1.66	5 292.60	283.41	1.07	1.09
大湖池	M	4.92	0.26	94.80	1 492.13	5.20	9 052.03	973.23	3.03	2.87
	SD	0.37	0.12	98.01	449.32	3.67	4 191.60	416.57	1.39	1.40
赣江	M	4.99	0.18	57.07	1 374.26	6.22	5 904.23	832.63	2.25	2.02
	SD	0.41	0.09	16.74	495.79	3.51	3 087.8	258.67	1.07	0.95

注:M代表均值,SD代表标准差。

利用独立样本t值检验,分别两两检验和比较3种洲滩湿地间9个主要土壤化学因子的差异性,为避免随意性,利用bootstrap随机抽样1 000次,保证检验结果的可信性(表5-2,表5-3,表5-4)。通过检验结果可以发现:大汊湖洲滩和大湖池洲滩之间,除AK和AN,两种洲滩湿地其他7个土壤理化因子均存在显著性差异($P<0.05$),其中平均差异水平如表5-2所示;大汊湖洲滩和赣江洲滩之间,AK、AN、TN、TOC和SOC 5个土壤化学因子无显著性差异($P>0.05$),而TK、pH、TP和AP 4个因子存在显著性差异($P<0.05$),其中平均差异水平如表5-3所示;大湖池洲滩和赣江洲滩之间,可以发现TP、pH、AK、AP和AN 5个因子无显著性差异($P>0.05$),而TK、TN、TOC和SOC 4个因子存在显著性差异($P<0.05$),其中平均差异水平如表5-4所示。

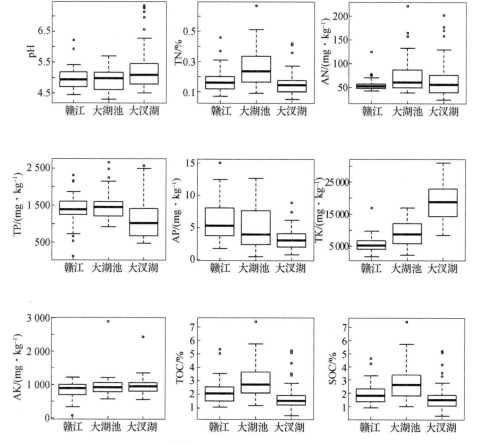

图5-1 三种典型洲滩湿地土壤化学因子分布水平

从无闸控碟形湖洲滩大汉湖和闸控碟形湖洲滩大湖池以及冲积三角洲洲滩赣江的各种土壤化学因子的对比来看,部分土壤化学因子在各洲滩的分布存在差异性。具体表现在:大湖池洲滩湿地 AN、TN、TOC、SOC 在三个洲滩湿地中是最高的,说明大湖池洲滩湿地土壤中碳、氮养分含量高。从其受控的条件来看,大湖池洲滩与外湖的自然联通性不如其他两个湖区,因而除丰水期外,大湖池与周围其他子湖的水文交换较弱,导致其洲滩土壤的碳、氮养分沉积更为丰富。除 AP 外,共有 8 种土壤化学因子碟形洼地洲滩湿地高于冲积三角洲洲滩湿地,其中受控大湖池洲滩含量最高的土壤化学因子数目最多。土壤中钾含量赣江洲滩低于大汉湖洲滩,而土壤磷养分的含量则相反。

表 5-2　大汉湖-大湖池土壤化学因子分布水平 *t* 值检验

	MD	SE	P	95% Confidence Interval	
				Lower	Upper
pH	0.43	0.14	0.01*	0.16	0.7
TN（%）	−0.11	0.03	0*	−0.16	−0.06
AN（mg/kg）	−26.6	17.94	0.22	−66.2	4.91
TP（mg/kg）	−382.79	117.2	0*	−609	−151
AP（mg/kg）	−1.9	0.74	0.02*	−3.43	−0.58
TK（mg/kg）	9 702.74	1 051.97	0*	7 784	11 910
AK（mg/kg）	−14.02	86.09	0.89	−209	135.4
TOC（%）	−1.23	0.3	0*	−1.8	−0.66
SOC（%）	−1.16	0.3	0*	−1.74	−0.57

注：*表示通过显著性检验，$P \leqslant 0.05$ 表示显著，$P > 0.05$ 表示不显著，*MD* 表示平均差值，*SE* 表示标准误。

表 5-3　大汉湖-赣江土壤化学因子分布水平 *t* 值检验

	MD	SE	P	95% Confidence Interval	
				Lower	Upper
pH	0.36	0.14	0.02*	0.08	0.64
TN（%）	−0.03	0.02	0.24	−0.07	0.01
AN（mg/kg）	11.13	6.93	0.12	−2.08	25.72
TP（mg/kg）	−264.92	124.77	0.04*	−508.73	−10.60
AP（mg/kg）	−2.92	0.73	0.00*	−4.39	−1.53
TK（mg/kg）	12 850.54	1 002.41	0.00*	10 883.99	14 805.40
AK（mg/kg）	126.58	63.00	0.08	7.74	245.48
TOC（%）	−0.45	0.27	0.09	−0.99	0.05
SOC（%）	−0.31	0.25	0.24	−0.79	0.19

注：*表示通过显著性检验，$P \leqslant 0.05$ 表示显著，$P > 0.05$ 表示不显著，*MD* 表示平均差值，*SE* 表示标准误。

表 5-4　大湖池-赣江土壤化学因子分布水平 t 值检验

	MD	SE	P	95% Confidence Interval	
				Lower	Upper
pH	−0.07	0.1	0.53	-0.27	0.14
TN(%)	0.08	0.03	0.01*	0.03	0.14
AN(mg/kg)	37.73	18.18	0.16	8.03	78.62
TP(mg/kg)	117.87	127.95	0.37	−129	368.9
AP(mg/kg)	−1.02	0.94	0.29	−2.74	0.87
TK(mg/kg)	3 147.80	982.75	0*	1 211	5 070
AK(mg/kg)	140.6	92.51	0.19	−19.7	335.9
TOC(%)	0.78	0.33	0.03*	0.14	1.45
SOC(%)	0.85	0.32	0.02*	0.25	1.53

注：*表示通过显著性检验，$P \leqslant 0.05$ 表示显著，$P > 0.05$ 表示不显著，MD 表示平均差值，SE 表示标准误。

2. 典型洲滩土壤物理因子分布

本研究监测了 5 个土壤物理因子和样点所处高程。对于季节性湖泊在局部空间尺度上高程能一定程度上反映植被受水文影响程度的大小，因此本研究将土壤样点所在地的高程视作影响植被的土壤物理因子之一。监测的指标包括：电导率（CD）、土壤含水率（WC）、高程（H）和土壤粒径的 3 个参数 d0.1、d0.5、和 d0.9（分别表示土壤颗粒数按粒径大小排序的前 10%、50% 和 90% 的粒径大小分布）。从 3 种洲滩湿地土壤各物理因子分布水平来看（表 5-5，图 5-2）：CD 分布的平均水平依次是大汊湖>赣江>大湖池，均值依次 0.2 mS/cm、0.13 mS/cm 和 0.14 mS/cm，且大湖池洲滩湿地土壤 CD 远高于大汊湖和赣江洲滩湿地土壤；WC 在 3 种洲滩湿地土壤的分布规律为 2 种碟形洼地洲滩高于赣江洲滩，且无闸控的大汊湖比闸控的大湖池洲滩湿地土壤的含水率分布离散；而从高程 H 的平均水平来看，依次为大湖池>大汊湖>赣江，3 个洲滩湿地的均值依次 13.56 m、12.93 m 和 11.30 m，说明 2 种碟形洼地洲滩分布高程高于冲积三角洲洲滩湿地。3 种洲滩湿地的 3 个土壤粒径参数中，d0.1 和 d0.5 分布规律相对一致，d0.9 参数分布离散且异常点多，无明显规律。d0.1 在大汊湖、大湖池和赣江洲滩均值分别是 1.56 mm、2.20 mm 和 2.12 mm，d0.5 分别为 7.90 mm、9.32 mm 和 11.13 mm，大汊湖洲滩土壤的粒径参数低于另外 2 种洲滩；大汊湖、大湖池和赣江洲滩的 d0.9 参数均值分别为 59.34 mm、120.67 mm、132.63 mm，异常值点较多，说明 3 种洲滩土壤的粒径极大值分布差异水平较高。

表 5-5　土壤物理因子分布水平均值水平统计

		H （m）	WC	CD （mS/cm）	d0.1 （mm）	d0.5 （mm）	d0.9 （mm）
大汉湖	M	12.93	0.34	0.2	1.56	7.90	59.34
	SD	3.58	0.09	0.06	0.3	1.97	122.9
大湖池	M	13.56	0.32	0.13	2.20	9.32	120.67
	SD	2.43	0.13	0.05	0.38	2.09	261.69
赣江	M	11.30	0.23	0.14	2.12	11.13	132.63
	SD	3.07	0.06	0.05	0.46	3.42	250.32

注：M 代表均值，SD 代表标准差。

利用独立样本 t 值检验分别两两检验和比较 3 种洲滩湿地间 6 个主要土壤物理因子的差异性，为避免随意性，利用 bootstrap 随机抽样 1 000 次，保证检验结果的正确（表 5-6，表 5-7，表 5-8）。通过检验结果可以发现：大汉湖洲滩和大湖池洲滩之间，H 和 WC 在两种洲滩湿地之间不存在显著性差异（$P>0.05$），而 CD、d0.1 和 d0.5 这 3 个因子存在显著性差异（$P<0.05$），其平均差异水平如表 5-6 所示；大汉湖洲滩和赣江洲滩之间，可以发现除 d0.9 外，其他 5 个土壤理化因子均存在显著性差异（$P<0.05$），其平均差异水平如表 5-7 所示；大湖池洲滩和赣江洲滩之间，可以发现 CD、d0.1 和 d0.9 这些因子未表现存在显著性差异（$P>0.05$），而 H、WC 和 d0.5 这 3 个因子存在显著性差异（$P<0.05$），其平均差异水平如表 5-8 所示。

从无闸控洲滩大汉湖和闸控洲滩大湖池以及冲积三角洲洲滩的土壤物理因子的对比来看，部分土壤物理因子分布存在差异性。具体表现为：赣江洲滩土壤的粒径总体上大于代表碟形洼地的大汉湖和大湖池洲滩，而总体上大汉湖洲滩土壤粒径又高于大湖池洲滩。分析来看，赣江洲滩是冲积三角洲，其土壤受水文因素的影响较其他两种洲滩湿地大，丰水季水流的冲刷作用大于大汉湖洲滩和大湖池洲滩，因而土壤粒径大。而大汉湖和大湖池洲滩，其土壤的 CD、WC 和 H 均高于代表冲积三角洲的赣江洲滩，除高程 H 外，受控的大湖池洲滩土壤 CD 和 WC 又均高于未控的大汉湖洲滩土壤。碟形洼地相对于三角洲洲滩停滞水体的能力较强，因而土壤平均含水量和土壤电导率更高。

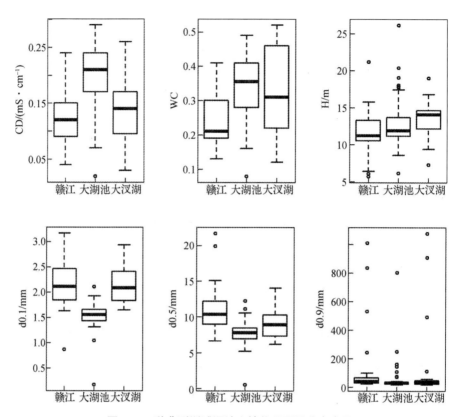

图 5-2 3种典型洲滩湿地土壤物理因子分布水平

表 5-6 大汉湖−大湖池土壤物理因子分布水平 t 值检验

	MD	SE	P	95% Confidence Interval	
				Lower	Upper
H(m)	−0.63	0.70	0.37	−1.95	0.86
WC	0.02	0.03	0.51	−0.04	0.07
CD(mS/cm)	0.07	0.01	0.00*	0.04	0.10
d0.1(mm)	−0.64	0.08	0.00*	−0.81	−0.48
d0.5(mm)	−1.42	0.49	0.00*	−2.42	−0.50
d0.9(mm)	−61.33	55.70	0.30	−188.78	31.29

注:*表示通过显著性检验,$P \leqslant 0.05$ 表示显著,$P > 0.05$ 表示不显著,MD 表示平均差值,SE 表示标准误。

表5-7　大汉湖-赣江土壤物理因子分布水平 t 值检验

	MD	SE	P	95% Confidence Interval	
				Lower	Upper
H（m）	1.63	0.79	0.04*	−0.17	3.04
WC	0.11	0.02	0.00*	0.07	0.14
CD（mS/cm）	0.06	0.01	0.00*	0.04	0.09
d0.1（mm）	−0.56	0.10	0.00*	−0.75	−0.37
d0.5（mm）	−3.23	0.71	0.00*	−4.64	−1.98
d0.9（mm）	−73.29	52.22	0.20	−183.97	23.66

注：*表示通过显著性检验，$P \leqslant 0.05$ 表示显著，$P > 0.05$ 表示不显著，MD 表示平均差值，SE 表示标准误。

表5-8　大湖池-赣江土壤物理因子分布水平 t 值检验

	MD	SE	P	95% Confidence Interval	
				Lower	Upper
H（m）	2.26	0.75	0.01*	0.69	3.74
WC	0.09	0.03	0.01*	0.03	0.14
CD（mS/cm）	−0.01	0.01	0.62	−0.03	0.02
d0.1（mm）	0.08	0.11	0.49	−0.15	0.29
d0.5（mm）	−1.81	0.78	0.03*	−3.44	−0.43
d0.9（mm）	−11.96	65.42	0.86	−138.81	113.62

注：*表示通过显著性检验，$P \leqslant 0.05$ 表示显著，$P > 0.05$ 表示不显著，MD 表示平均差值，SE 表示标准误。

二、鄱阳湖典型洲滩主要植被群落土壤理化因子分布水平

分别统计3种洲滩湿地所采集的主要植被群落类型的土壤理化因子的分布值水平，其中大汉湖洲滩所采植被类型中有南荻、苔草和藜草3种，大湖池洲滩和赣江洲滩4种植被类型均覆盖。

1. 典型洲滩主要植被群落土壤化学因子分布水平

从土壤化学因子的条形图5-3可以发现：关于 pH 的分布水平，大汉湖洲滩藜草和苔草的土壤分布水平高于大湖池和赣江洲滩对应的植被群落，而南荻群落土壤 pH 在3个洲滩几乎持平，大约在4.4~4.8之间。另外从各个洲滩内部各植被的土壤 pH 含量看，大汉湖洲滩藜草>苔草>南荻，大湖池和赣江规律一致，均是苔草与藜草近似持平>藜蒿>南荻。AN 在3种洲滩的植被土壤之间的分布规律性不明显，而在

各个洲滩内部,从各植被群落土壤的 AN 分布水平来看,大汉湖藜草>苔草>南荻,大湖池苔草>藜草>南荻-芦苇>藜蒿,赣江南荻≈藜蒿>藜草>苔草。大汉湖洲滩苔草和藜草植被群落土壤 TP 的平均值不到 1100 mg/kg,明显低于大湖池和赣江洲滩对应的 2 种植被群落,赣江南荻和藜草植被土壤的 TP 水平又低于大湖池洲滩。同时在各个洲滩内部,从各植被群落土壤的 TP 分布水平来看,大汉湖南荻>苔草>藜草,大湖池藜草>南荻>苔草>藜蒿,赣江藜蒿>苔草>南荻≈藜草。大汉湖洲滩 3 种植被土壤的 AP 平均水平低于大湖池和赣江洲滩对应的 3 种植被群落,该洲滩只有藜草土壤达到 4.5 mg/kg 以上。赣江洲滩除藜草外其他 3 种植被土壤的 AP 水平均在 5.0 mg/kg 以上,明显高于其他两种洲滩。同时在各个洲滩内部,从各植被群落土壤的 AP 分布水平来看,大汉湖洲滩藜草>南荻>苔草,大湖池洲滩藜草>南荻>苔草>藜蒿,赣江洲滩梯度最为明显,藜蒿>南荻>苔草>藜草。大汉湖 3 种植被土壤的 TK 的平均值大于 13 000 mg/kg,而大湖池和赣江洲滩的 4 种植被群落的 TK 均在 10 000 mg/kg 以下,因此大汉湖洲滩植被土壤的 TK 远高于赣江和大湖池洲滩湿地的植被,而大湖池 4 种植被土壤的总体的 TK 水平又略高于赣江洲滩。同时在各个洲滩内部,从各植被群落土壤的 TK 均值分布水平来看,大汉湖洲滩苔草>南荻>藜草,其值约为 18 000 mg/kg、15 000 mg/kg、14 000 mg/kg。大湖池洲滩苔草>南荻>藜草>藜蒿,赣江洲滩藜蒿和苔草几乎持平,均在 7 000 mg/kg 且都高于藜草和南荻群落。大汉湖苔草和藜草群落土壤与大湖池洲滩对应植被土壤 AK 的平均水差别不大,大约在 910~1 170 mg/kg,但两者均高于赣江洲滩苔草和藜草植被群落。赣江和大汉湖洲滩的南荻群落土壤 AK 水

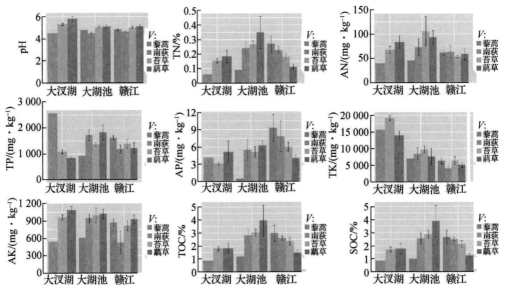

图 5-3　三种洲滩湿地不同植被群落土壤化学因子分布水平

平相近,约为550 mg/kg,均远低于大湖池的900 mg/kg。同时在各个洲滩,从内部各植被群落土壤的AK分布水平来看,3个洲滩均是蘽草>苔草>南荻。TN、TOC和SOC在3种洲滩湿地的分布:同种植被群落中大湖池>赣江>大汊湖,从各自洲滩内部来看大汊湖是蘽草>苔草>南荻,大湖池是蘽草>苔草>南荻>藜蒿,赣江是藜蒿、南荻、苔草、蘽草依次呈阶梯状下降。

综上,我们认为碟形洼地洲滩湿地与冲积三角洲洲滩湿地其同种植被和不同种植被间土壤化学因子的总体分布值水平均有所差异。具体表现为在不同洲滩间,受控的大湖池洲滩湿地其主要植被土壤的TN、TOC、SOC含量明显高于未控的大汊湖洲滩和冲积三角洲赣江洲滩的主要植被土壤含量水平,而在各洲滩湿地内部除赣江洲滩外,蘽草植被的土壤中这3种因子的含量又最高,同时苔草和南荻植被的土壤中这3种因子在各洲滩中均处于相对较高的水平。赣江洲滩的藜蒿植被土壤相对于其他3种洲滩土壤磷养分含量最高,而大汊湖和大湖池洲滩湿地均是蘽草植被土壤含量水平最高。钾类养分的含量在3种洲滩均是苔草和蘽草植被土壤处于较高的水平。

2. 典型洲滩主要植被群落土壤物理因子分布水平

统计电导率(CD)、土壤含水率(WC)、高程(H)和土壤粒径的3个参数 $d0.1$、$d0.5$、和 $d0.9$(分别表示土壤颗粒数按粒径大小排序的前10%、50%和90%的粒径大小分布)的均值水平。从3种洲滩湿地分布水平来看(图5-4):3个洲滩中的蘽草和苔草植被土壤的WC与CD的平均水平远高于其他几种植被群落,其含水率WC均在0.2以上,在大汊湖和赣江洲滩蘽草最高,高于或接近0.3,大湖池洲滩苔草最高,接近0.4,3个洲滩中南荻群落土壤WC在4种主要的植被群落中均是处于最低水平,不到0.2。从3个洲滩其土样所在高程分布来看,这种规律则与WC和CD的分布相反,苔草和蘽草的分布高程最低,南荻的分布高程平均最高,同时从3个洲滩植被的平均分布高程来看大湖池>赣江>大汊湖。从主要植被的土壤粒径参数来看,在大湖池和赣江植被群落的土壤中 $d0.1$ 高于大汊湖(不到2 mm),说明大汊湖植被的小粒径土壤颗粒的粒径平均大小小于大湖池和赣江洲滩,且大湖池对应植被群落除蘽草外均低于赣江的土壤 $d0.1$。$d0.5$ 在洲滩间对应群落的分布规律与 $d0.1$ 类似,大湖池和赣江对应植被群落土壤 $d0.5$ 总体高于大汊湖,其中大湖池和赣江洲滩植被土壤 $d0.5$ 均在7.5 mm以上,大汊湖洲滩则低于7 mm。$d0.9$ 在各自洲滩内部同种植被和不同植被间的分布差异较大。总体上,大汊湖的土壤粒径最细,其次为大湖池,赣江洲滩的土壤粒径最粗。

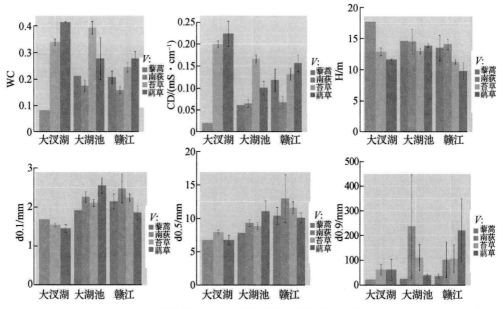

图5-4 3种洲滩湿地不同植被群落土壤物理因子分布水平

综上,我们认为碟形洼地洲滩湿地与冲积三角洲洲滩湿地之间其同种植被和不同种植被以及各洲滩内部主要植被土壤的物理因子的总体分布水平有所差异。具体表现为:总体上3个洲滩之间,其WC和CD的分布规律在主要植被的土壤中较为一致,碟形洼地洲滩的大汊湖苔草和藜草植被土壤的WC和CD在3个洲滩中均是最高,而南荻和藜蒿植被土壤WC和CD分布水平相近,总体上处于较低的水平,这与植被所处高程H相关。赣江洲滩南荻群落所处土壤粒径分布的差异性相对于其他两个洲滩较为明显,同时赣江洲滩湿地主要植被的土壤颗粒粒径在3个洲滩中是最粗的。

第二节　鄱阳湖典型洲滩湿地植被地表生物量对水文及土壤环境因子的响应

　　鄱阳湖是典型的过水型通江湖泊,其湿地生态系统的格局和变化主要受水文条件驱动下的多因子的影响。利用全部采样点数据和3种典型洲滩湿地的部分采样点数据分析在全湖尺度和局部洲滩湿地尺度植被地表生物量的空间格局变化在不同洲滩湿地对主要土壤理化因子的响应关系。

一、研究方法

　　最小绝对值收敛和选择算子(Least Absolute Shrinkage and Selection Operator, LASSO)(Tibshirani,1996)方法是一种压缩估计。它通过构造一个惩罚函数得到一个较为精炼的模型,使得它压缩一些系数,同时设定一些系数为0。因此保留了子集收缩的优点,是一种处理具有复杂共线性数据的有偏估计。LASSO的基本思想是在回归系数的绝对值之和小于一个常数的约束条件下,使残差平方和RSS最小化,从而能够产生某些严格等于0的回归系数,得到可以解释的模型。LASSO方法还能够对变量进行筛选和对模型的复杂程度进行降低。这里的变量筛选是指不把所有的变量都放入模型中进行拟合,而是有选择地把变量放入模型从而得到更好的性能参数。复杂度调整是指通过一系列参数控制模型的复杂度,从而避免过度拟合(Over-fitting)。对于线性模型来说,复杂度与模型的变量数有直接关系,变量数越多,模型复杂度就越高。更多的变量在拟合时往往可以给出一个看似更好的模型,但是同时也面临过度拟合的危险。LASSO的复杂程度由λ来控制,λ越大对变量较多的线性模型的惩罚力度就越大,从而最终获得一个变量较少的模型。

　　结构方程式模型SEM(Structural Equation Modeling)是一种建立、估计和检验因果关系模型的多元统计分析技术(Anderson and Gerbing,1988)。它包含了回归分析(Multiple Regression)、因子分析(Factor Analysis)、路径分析(Path Analysis)和多元方差分析(Multivariate Analysis of Variance)等一系列多元统计分析方法,是一种非常通用的、线性的、借助于理论进行假设检验的统计建模技术。结构方程式模型与传统多元统计分析不同,允许自变量和因变量存在测量误差(Measurement Errors)。SEM是利用联立方程组求解,它没有很严格的假定限制条件,同时允许自变量和因变量存在测量误差。对于不可直接观察的变量,通常称之为潜在变量。通常通过寻找一些可观察的变量作为这些潜在变量的"标识",然而这些潜在变量的观察标识总是包含了大量的测量误差。在统计分析中,即使是对那些可以测量的变量,也总是不断受到测量误差问题的侵扰。自变量测量误差的发生会导致常规回归模型参数估计产生偏差。虽然传统的因子分析允许对潜在变量设立多元标识,也可处理测量误差,但是它不能分析因子之间的关系。SEM 能够在分析中处理测量误差,又可分析潜在变量之间的结构关系(Igbaria et al,1997)(图 5-5)。SEM 包括测量方程(LV 和MV 之间关系的方程,外部关系)和结构方程(LV 之间关系的方程,内部关系),以ACSI 模型为例,具体形式如下:

测量方程 $\qquad y = \Lambda_y \eta + \varepsilon_y, x = \Lambda_x \xi + \varepsilon_x$ (5.1)

结构方程 $\qquad \eta = B\eta + \Gamma\xi + \zeta$ (5.2)

η 和 ξ 分别是内生 LV 和外生 LV,y 和 x 分别是和的 MV,Λ_x 和 Λ_y 是载荷矩阵,B 和 Γ 是路径系数矩阵,ε 和 ζ 是残差。具体步骤如下:

(1)模型设定:研究者根据先前的理论以及已有的知识,通过推论和假设形成一个关于一组变量之间相互关系(常常是因果关系)的模型。这个模型也可以用路径表明制定变量之间的因果联系。

(2)模型识别:模型识别是设定 SEM 模型时的一个基本考虑。只有建立的模型具有识别性,才能得到系统各个自由参数的唯一估计值。其中的基本规则是,模型的自由参数不能够多于观察数据的方差和协方差总数。

(3)模型估计:SEM 模型的基本假设是观察变量的方差、协方差矩阵是一套参数的函数。把固定参数之和自由参数的估计值代入结构方程,推导方差协方差矩阵 Σ,使每一个元素尽可能接近于样本中观察变量的方差协方差矩阵 S 中的相应元素。也就是,使 Σ 与 S 之间的差异最小化。在参数估计的数学运算方法中,最常用的是最大似然法(ML)和广义最小二乘法(GLS)。

(4)模型评价:在已有的证据与理论范围内,考察提出的模型拟合样本数据的程度。模型的总体拟合程度的测量指标主要有 χ^2 检验、拟合优度指数(GFI)、校正的拟合优度指数(AGFI)、均方根残差(RMR)等。关于模型每个参数估计值的评价可以用"t"值法。

(5)模型修正:模型修正是为了改进初始模型的适合程度。当尝试性初始模型出现不能拟合观察数据的情况(该模型被数据拒绝)时,就需要将模型进行修正,再用同一组观察数据来进行检验。

本研究利用 LASSO 的变量选择功能去筛选出 3 种洲滩湿地中所测 16 个土壤理化因子中显著影响 AGB 变化的因子,然后利用所筛选出的变量作为 SEM 的解释变量,AGB 作为响应变量,建立 LASSO-SEM 方程模型,揭示鄱阳湖典型洲滩湿地 AGB分布与土壤理化因子之间的关系。

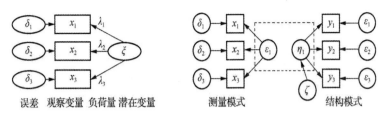

误差 观察变量 负荷量 潜在变量 测量模式 结构模式

图5-5 结构方程式模型示意图

二、鄱阳湖典型洲滩湿地地表生物量与土壤理化因子相关性分析

1. 典型洲滩湿地AGB分布特征

鄱阳湖洲滩湿地121个采样点实测植被地上生物量,南荻群落AGB密度最高,为(1.66±0.90)kg/m²,其次,藜蒿群落AGB密度为(1.45±0.20)kg/m²,苔草群落AGB密度为(1.09±0.54)kg/m²,藜草的AGB密度最低,为(0.88±0.37)kg/m²。3种典型洲滩不同植被AGB分布特征存在明显的差异(图5-6)。总体而言,赣江三角洲湿地植被的AGB高于两种碟形洼地,两种碟形洼地湿地植被AGB差异不明显,有闸控的大湖池洲滩南荻和藜草的AGB略高于无闸控的大汊湖洲滩。

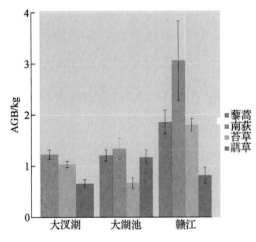

图5-6 典型洲滩实测AGB分布统计

2. 全湖尺度AGB与土壤理化因子相关分析

对全湖尺度上121个采样点土壤的16个物理和化学因子与对应采样点的地上植被生物量AGB作相关性分析(表5-9),可以发现在全湖尺度上AGB主要与pH、AK、TK、AP、WC、CD、d0.1和d0.5等8个土壤理化因子呈不同程度的显著相关性($P<0.05$),且其中5个因子包括pH、AK、TK、WC和CD与AGB呈负相关,其相关系数分别为−0.353、−0.332、−0.239、−0.478和−0.388,与AP、d0.1和d0.5这3个因子呈正相关关系,其相关系数分别为0.345、0.320和0.359。从相关系数的大小来看,WC与AGB相关性最大,CD居其次,TK相关性最小。另外从AGB与主要显著性相关的土壤因

子的散点图(图5-7)来看,pH、WC、CD和TK总体上与AGB的线性关系较好,且这种关系总体上是均呈向下的。而AGB与AP的关系随AP的增大AGB是先上升后下降,与d0.5的关系是波动式的上升。从AGB与d0.1的散点图来看,刨除单一异常点的情况,总体上是向上发展的。

同时从全湖尺度每个土壤理化因子的相关性分析(表5-9)来看,其中TP与pH、AP、TN、SOC、TOC、WC和CD显著性相关,pH与TP、AK、AP、TN、TOC、SOC、H、WC、CD和d0.1呈显著性相关,AK与pH、WC、CD和d0.5显著相关,TK与AP、TN、TOC、SOC、WC、CD和d0.1和d0.5显著相关,AP与TP、pH、TK、AN、TN、TOC、SOC、WC、CD显著性相关,AN与AP、TN、TOC、SOC显著相关,TN与TP、pH、TK、AP、AN、TOC、SOC、H和CD呈显著性相关,TOC与TP、pH、TK、AP、AN、TN、SOC、H和CD呈显著性相关,SOC与TP、pH、TK、AP、AN、TN、TOC、H和CD呈显著性相关,WC与TP、pH、AK、TK、AP、CD、d0.1和d0.5呈显著相关,CD与TP、pH、AK、TK、AP、TN、TOC、SOC、H、WC和d0.1呈显著相关,d0.1与pH、TK、WC、CD和d0.5显著相关,d0.5与AK、TK、WC和d0.1显著性相关,d0.9与所有因子均不存在显著性相关关系。

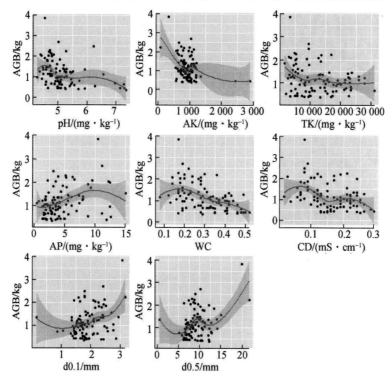

图5-7 全湖尺度AGB随主要相关性土壤理化因子分布

3. 3种典型洲滩AGB与土壤理化因子相关分析

对大汉湖洲滩湿地采样点土壤的16个物理和化学因子与对应采样点的地上植被生物量AGB作相关性分析(表5-10),可以发现在大汉湖洲滩湿地AGB主要与

鄱阳湖湿地时空格局演变及其水文响应机制

表 5-9　全湖尺度洲滩湿地主要土壤理化因子相关性分析

	TP	pH	AK	TK	AP	AN	TN	TOC	SOC	H	WC	CD	d0.1	d0.5	d0.9	AGB
TP	1															
pH	-0.257*	1														
AK	-0.01	0.279**	1													
TK	-0.142	0.174	0.096	1												
AP	0.463**	-0.233*	-0.004	-0.390**	1											
AN	0.053	-0.013	-0.013	-0.062	0.222*	1										
TN	0.463**	-0.251*	0.02	-0.269**	0.536**	0.240*	1									
TOC	0.504**	-0.250*	0.031	-0.296**	0.537**	0.244*	0.969**	1								
SOC	0.487**	-0.251*	0.036	-0.268**	0.511**	0.257*	0.962**	0.992**	1							
H	0.147	-0.254*	-0.009	0.021	0.12	-0.006	0.251*	0.277**	0.280**	1						
WC	-0.405**	0.243	0.249*	0.268**	-0.264**	0.126	-0.072	-0.105	-0.085	-0.173	1					
CD	-0.405**	0.476**	0.295**	0.423**	-0.278**	0.006	-0.282**	-0.294**	-0.278**	-0.289**	0.686**	1				
d0.1	0.114	-0.253*	-0.121	-0.445**	0.175	0.101	0.185	0.174	0.162	0.065	-0.261**	-0.400**	1			
d0.5	-0.024	-0.103	-0.224*	-0.326**	0.11	0.067	0.016	0.024	0.01	-0.077	-0.217*	-0.197	0.838**	1		
d0.9	-0.043	-0.086	0.074	-0.159	0.004	0.078	0.111	0.15	0.136	0.013	0.025	0.014	0.088	0.139	1	
AGB	0.163	-0.353**	-0.332**	-0.239*	0.345**	-0.147	0.072	0.101	0.09	0.156	-0.478**	-0.388**	0.320**	0.359**	0.037	1

注：*和**表示通过显著性检验，*表示显著性检验水平为 0.05，**表示显著性检验水平为 0.01。

表 5-10 大汊湖洲滩湿地主要土壤理化因子相关性分析

	TP	pH	AK	TK	AP	AN	TN	TOC	SOC	H	WC	CD	d0.1	d0.5	d0.9	AGB
TP	1															
pH	-0.056	1														
AK	-0.018	0.493**	1													
TK	0.214	-0.128	0.012	1												
AP	0.042	0.01	0.113	-0.252	1											
AN	-0.344*	-0.103	-0.313*	-0.422**	0.121	1										
TN	0.195	-0.281	-0.112	-0.216	0.442**	0.167	1									
TOC	0.314*	-0.266	-0.033	-0.201	0.435**	0.153	0.930**	1								
SOC	0.311*	-0.286	-0.029	-0.211	0.440**	0.154	0.920**	0.996**	1							
H	0.12	-0.316*	-0.124	-0.182	0.134	-0.102	0.113	0.234	0.263	1						
WC	-0.528**	0.049	0.09	0.115	0.005	0.274	0.057	0.014	0.008	-0.295	1					
CD	-0.441**	0.428**	0.433**	0.088	-0.009	0.123	-0.102	-0.104	-0.115	-0.423**	0.715**	1				
d0.1	-0.243	-0.14	-0.269	-0.045	-0.041	0.301*	-0.053	-0.081	-0.086	0.103	-0.058	-0.117	1			
d0.5	-0.333*	-0.019	-0.245	0.08	-0.081	0.213	-0.159	-0.181	-0.189	0.029	0.057	0.022	0.867**	1		
d0.9	-0.133	-0.142	-0.139	-0.11	0.174	0.083	0.423**	0.419**	0.416**	0.2	0.151	0.015	0.098	0.119	1	
AGB	-0.03	-0.544**	-0.370*	-0.144	0.015	0.139	0.337*	0.368*	0.384*	0.325*	-0.062	-0.359*	0.065	-0.058	0.450**	1

注：*和**表示通过显著性检验，*表示显著性检验水平为 0.05，**表示显著性检验水平为 0.01。

pH、AK、TN、TOC、H、SOC、CD 和 d0.9 等 8 个因子均存在不同程度的显著相关性（P<
0.05），且其中 3 个因子包括 pH、AK 和 CD 与 AGB 呈负相关，其相关系数大小分别
为-0.544、-0.370 和-0.359。与 TN、TOC、SOC、H 和 d0.9 等 5 个因子呈正相关关系，其
相关性数大小分别为 0.337、0.368、0.384、0.325 和 0.450。从相关系数的大小来看，pH
与 AGB 相关性最大，d0.9 居其次，H 相关性最小。另外从 AGB 主要显著性相关的土
壤因子的散点图（图 5-8）来看，pH、AK 和 CD 总体上与 AGB 的线性关系较好，且这种
关系总体上均是向下的。而 AGB 与 TN、TOC 和 SOC 的关系从趋势线上看非常一
致，均是波动式的上升。从 AGB 与 H 的散点图来看，刨除单一异常点的情况，总体
上是向上发展的。

同时从大汉湖洲滩每个土壤理化因子的相关性分析（表 5-10）来看，其中 TP 与
AN、TOC、SOC、WC、CD 和 d0.5 显著性相关，pH 与 AK、H 和 CD 呈显著性相关，AK
与 pH、AN 和 CD 显著相关，TK 与 AN 显著相关，AP 与 TN、SOC 和 TOC 显著性相关，
AN 与 TP、AK、TK、d0.1 显著相关，TN 与 AP、TOC、SOC 和 d0.9 呈显著性相关，TOC 与

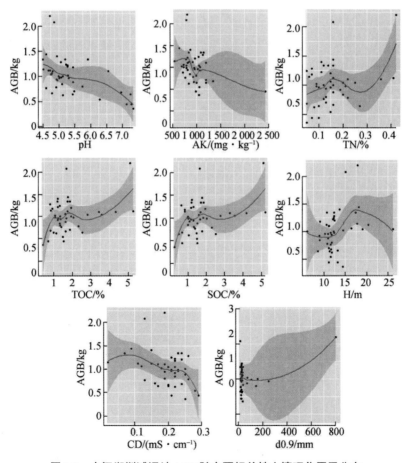

图 5-8　大汉湖洲滩湿地 AGB 随主要相关性土壤理化因子分布

TP、AP、TN、SOC和d0.9呈显著性相关，SOC与TP、AP、TN、TOC和d0.9呈显著性相关，WC与TP、CD呈显著性相关，CD与TP、pH、AK、H和WC呈显著性相关，d0.1与AN和d0.5显著相关，d0.5与TP和d0.1显著性相关，d0.9与TN、TOC、SOC显著相关。

对大湖池洲滩湿地采样点土壤的16个物理和化学因子与对应采样点的地上植被生物量AGB作相关性分析（表5-11），可以发现在大湖池洲滩湿地AGB主要与pH、H、WC和CD等4个因子均存在不同程度的显著相关性（$P<0.05$），且其中3个因子包括pH、WC和CD与AGB呈负相关，其相关系数大小分别为-0.547、-0.656和-0.576，与H因子呈正相关关系，其相关系数大小为0.521。从相关系数的大小来看，WC与AGB相关性最大，CD居其次，H相关性最小，与4个因子的相关性均在0.5以上。另外从AGB主要显著性相关的土壤因子的散点图（图5-9）来看，pH、WC和CD总体上与AGB的线性关系较好，且这种关系总体上是均呈向下发展的。而AGB与H的关系则是明显上升的，说明在大湖池洲滩湿地植被生物量随高程上升而增大的梯度性为明显。

同时从大湖池洲滩每个土壤理化因子的相关性分析（表5-11）来看，其中TP与AP、TN、TOC、SOC、WC显著性相关，pH与WC和CD呈显著性相关，TK与d0.1和d0.5显著相关，AP与TP、TN、SOC和TOC显著性相关，TN与TP、AP、TOC、SOC呈显著性相关，TOC与TP、AP、TN、SOC呈显著性相关，SOC与TP、AP、TN、SOC呈显著性相关，WC与TP、pH和CD呈显著性相关，CD与pH和WC呈显著性相关，d0.1与TK和d0.5显著相关，d0.5与TK和d0.1显著性相关。

对赣江洲滩湿地采样点土壤的16个物理和化学因子与对应采样点的地上植被生物量AGB作相关性分析（表5-12），可以发现在赣江洲滩湿地AGB主要与AP、H、WC、CD和d0.1等5个因子均存在不同程度的显著性相关性（$P<0.05$），且其中2个因子包括WC和CD与AGB呈负相关，其相关系数大小分别为0.392和0.391，与AP、H和d0.1 3个因子呈正相关关系，其相关系数大小分别为0.424、0.350和0.487。从相关系数的大小来看，d0.1与AGB相关性最大，AP居其次，H相关性最小。另外从AGB主要显著性相关的土壤因子的散点图（图5-10）来看，WC和CD总体上与AGB的线性关系较好，且总体上呈负相关关系，而AGB与AP、H和d0.1则呈正相关关系，赣江洲滩AGB与H的这种的明显正相关关系与大汊湖和大湖池洲滩较为一致，说明湿地植被生物量随高程梯度上升而增大在鄱阳湖湿地是普遍存在的。

同时从赣江洲滩每个土壤理化因子的相关性分析（表5-12）来看，其中TP与pH和AP显著性相关，pH与TP和AP呈显著性相关，AK与d0.1和d0.5显著相关，TK与WC显著相关，AP与TP、pH、TN、SOC、TOC和H显著性相关，AN与TN、TOC、SOC和H显著相关，TN与AP、AN、TOC、SOC和H呈显著性相关，TOC与AP、AN、TN、SOC和H呈显著性相关，SOC与AP、AN、TN、TOC和H呈显著性相关，WC与TK、H、CD和d0.9呈显著性相关，CD与H和WC呈显著性相关，d0.1与AK和d0.5显著相关，

表 5-11 大湖池洲滩湿地主要土壤理化因子相关性分析

	TP	pH	AK	TK	AP	AN	TN	TOC	SOC	H	WC	CD	d0.1	d0.5	d0.9	AGB
TP	1															
pH	-0.224	1														
AK	-0.055	0.152	1													
TK	-0.147	0.002	-0.014	1												
AP	0.737**	-0.144	-0.054	-0.229	1											
AN	0.273	0.222	0.088	0.181	0.349	1										
TN	0.744**	0.111	0.079	-0.136	0.468*	0.161	1									
TOC	0.768**	0.083	0.052	-0.169	0.492**	0.202	0.991**	1								
SOC	0.745**	0.1	0.045	-0.137	0.480**	0.218	0.984**	0.993**	1							
H	0.085	-0.283	0.118	-0.177	-0.031	-0.173	0.035	0.046	0.011	1						
WC	-0.416*	0.530**	0.26	-0.06	-0.152	0.029	-0.11	-0.141	-0.129	-0.342	1					
CD	-0.356	0.537**	0.294	0.153	-0.123	0.055	-0.03	-0.083	-0.065	-0.232	0.779**	1				
d0.1	0.014	0.041	0.319	0.503**	-0.204	-0.03	-0.102	-0.116	-0.098	0.188	-0.265	-0.15	1			
d0.5	0.149	0.097	0.294	0.510**	-0.116	0.161	0.055	0.057	0.078	0.15	-0.247	-0.154	0.935**	1		
d0.9	-0.045	-0.156	0.09	0.123	-0.169	0.098	-0.085	-0.086	-0.086	0.28	-0.12	0.177	-0.06	0.036	1	
AGB	0.335	-0.547**	-0.261	-0.04	0.192	-0.216	-0.062	-0.048	-0.064	0.521**	-0.656**	-0.576**	0.294	0.19	-0.041	1

注:*和**表示通过显著性检验,*表示显著性检验水平为 0.05,**表示显著性检验水平为 0.01。

表 5-12 赣江洲滩湿地主要土壤理化因子相关性分析

	TP	pH	AK	TK	AP	AN	TN	TOC	SOC	H	WC	CD	d0.1	d0.5	d0.9	AGB
TP	1															
pH	-0.569**	1														
AK	0.129	-0.081	1													
TK	0.363	-0.101	0.035	1												
AP	0.475*	-0.492**	0.2	0.102	1											
AN	0.166	-0.013	-0.211	-0.065	0.287	1										
TN	0.313	-0.272	0.011	0.112	0.782**	0.502**	1									
TOC	0.275	-0.187	0.071	0.109	0.697**	0.508**	0.972**	1								
SOC	0.254	-0.205	0.065	0.067	0.712**	0.493**	0.969**	0.991**	1							
H	0.307	-0.237	-0.182	0.071	0.545**	0.441*	0.706**	0.640**	0.628**	1						
WC	-0.181	0.351	0.232	-0.391*	-0.297	-0.237	-0.306	-0.213	-0.248	-0.478*	1					
CD	0.03	0.208	0.132	-0.243	-0.182	-0.023	-0.333	-0.272	-0.31	-0.453*	0.743**	1				
d0.1	-0.093	-0.074	-0.497**	-0.232	0.004	-0.034	0.022	-0.016	0.019	0.131	-0.069	-0.048	1			
d0.5	-0.181	0.052	-0.616**	-0.324	-0.102	-0.025	-0.074	-0.092	-0.069	-0.055	0.15	0.109	0.856**	1		
d0.9	-0.144	0.201	0.323	-0.253	-0.046	0.032	0.051	0.154	0.135	-0.331	0.528**	0.163	-0.036	0.092	1	
AGB	0.251	-0.266	-0.301	0.202	0.424*	-0.024	0.304	0.241	0.292	0.350*	-0.392*	-0.391*	0.487**	0.349	-0.162	1

注：*和**表示通过显著性检验，*表示显著性检验水平为 0.05，**表示显著性检验水平为 0.01。

\ 鄱阳湖湿地时空格局演变及其水文响应机制

d0.5 与 AK 和 d0.1 显著性相关，d0.9 与 WC 显著性相关。

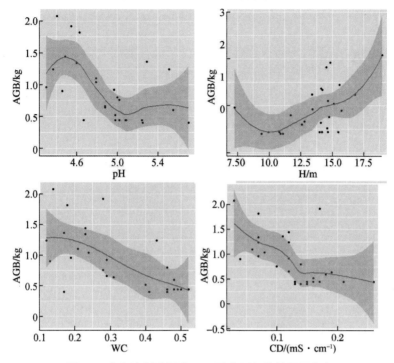

图 5-9　大湖池洲滩湿地 AGB 随主要相关性因子分布

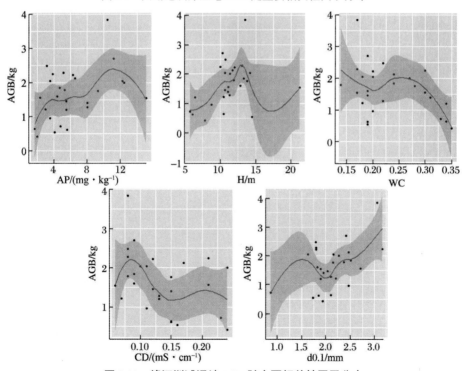

图 5-10　赣江洲滩湿地 AGB 随主要相关性因子分布

三、湿地植被地表生物量分布对环境因子的响应

为探明土壤理化因子对AGB值分布高低的贡献，在3种洲滩湿地分别利用AGB和所测的可能影响AGB变化的主要土壤理化因子，利用LASSO-SEM模型分析鄱阳湖湿地不同洲滩AGB对主要土壤理化因子的响应关系。

1. 影响AGB变化的主要环境因子识别

首先在3种典型洲滩分别利用LASSO方法筛选出对AGB分布影响系数不为0（小于0.001）的变量，分别利用所测的121个样本数据在2个尺度上作出筛选：全湖和3个典型洲滩。图5-11表示在全湖和各个典型洲滩上利用LASSO方法筛选变量时交叉验证所得均方误差MSE随惩罚系数变化图，这是一个惩罚系数的选择过程，这个过程中认为交叉验证的MSE最小时的惩罚系数即为最适合的惩罚系数。图5-12是LASSO方法在全湖和各个典型洲滩利用最适合的惩罚系数获得的最终筛选结果，彩色虚线与右边框相交的编号表示筛选出的对AGB有显著影响的变量编号，而垂线与上边框相交的编号表示剔除的变量编号。根据设定的系数标准（$\beta \geqslant 0.001$），这样的因子被认为是对目标变量的变化具有明显作用的，全湖尺度上筛选出的变量有pH、AP、H、WC和d0.5，大汉湖洲滩筛选出的变量有pH、SOC、CD和d0.9，大湖池洲滩筛选出pH、H、WC和CD，赣江洲滩筛选出AP、H、WC和d0.1 4个变量。其具体结果和模型参数惩罚系数λ如表5-13所示。

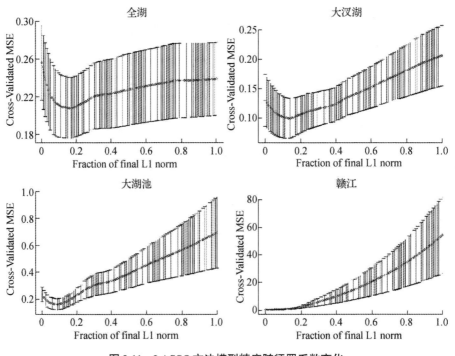

图5-11　LASSO方法模型精度随惩罚系数变化

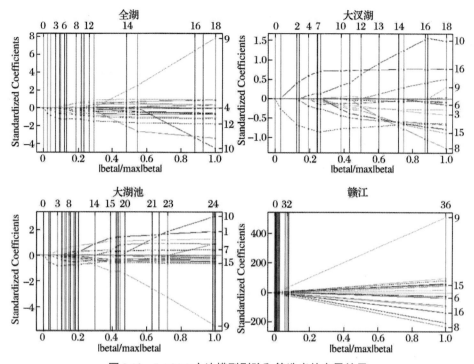

图5-12　LASSO方法模型剔除和筛选出的变量结果

表5-13　筛选的因子对AGB变化作用系数及LASSO惩罚系数

	全湖	大汉湖	大湖池	赣江
TP				
pH	−0.119	−0.145	−0.172	
AK				
TK				
AP	0.015			0.024
AN				
TN				
TOC				
SOC		0.01		
H	0.003		0.039	0.072
WC	−1.293		−1.163	−0.372
CD		-0.415	−0.396	
d0.1				0.164
d0.5	0.017			
d0.9		0.001		
λ		0.03	0.08	0.09

2. 典型洲滩湿地 AGB 对关键环境影响因子的响应

由于 LASSO 方法确定的主要土壤理化因子受惩罚系数 λ 的影响,存在一定的不确定性。因此结合 LASSO 方法和相关性分析确定影响 AGB 变化的基本结构,利用 SEM 模型对 AGB 和相关主要土壤理化因子进行建模,从而确定最终的影响 AGB 变化的关键性土壤理化因子。

表 5-14 全湖尺度结构方程模型结果

		B	SE	P	R^2
AGB	pH	−0.219	0.132	0.047*	
	AP	0.097	0.13	0.457	
	H	0.07	0.132	0.596	0.291
	WC	−0.334	0.135	0.013*	
	d0.5	0.168	0.132	0.203	
pH	AK	0.136	0.17	0.425	
	WC	0.501	2.297	0.827	−0.036
	CD	0.085	1.494	0.955	
AP	TP	0.29	0.144	0.044	
	TN	0.05	0.482	0.917	
	AN	0.189	0.127	0.135	0.366
	TOC	1.236	1.18	0.295	
	SOC	−0.972	1.1	0.377	
WC	pH	−0.477	1.422	0.737	
	AK	0.09	0.243	0.712	
	TK	−0.091	0.142	0.523	0.363
	CD	0.878	0.618	0.155	
d0.5	d0.1	0.832	0.085	0*	0.692

注:*表示通过显著性检验,$P \leqslant 0.05$ 表示显著,$P > 0.05$ 表示不显著,B 表示影响系数,SE 表示标准误。

从对全湖尺度 AGB 的结构方程模型建模结果(表 5-14)来看,其 R^2 为 0.291,说明所构建的模型能在一定程度上解释全湖尺度上洲滩湿地 AGB 变化对土壤理化因子的响应关系。在 LASSO 回归中筛选出的 5 个主要变量 pH、AP、H、WC 和 d0.5 中,通过模型的显著性检验认为 pH 和 WC 对全湖尺度洲滩湿地的 AGB 分布有显著性影响,而其他 3 个变量对全湖尺度洲滩的 AGB 分布并没有影响。其中 pH 和 WC 对 AGB 具有负向的作用,且 WC 的影响作用略大于 pH 的作用。针对 pH 的建模结果,模型的 R^2 为 −0.036,所选择的变量均没有通过显著性检验,说明所选的因子对 pH 没有影响作用。对于WC的建模结果，模型的R^2为0.363，所选择的变量也没有通过显著性检验，说明所选的因子对WC没有影响作用。

表5-15　大汊湖洲滩结构方程模型结果

		B	SE	P	R^2
AGB	pH	−0.382	0.118	0.001*	
	SOC	0.106	0.123	0.39	
	CD	−0.189	0.124	0.127	0.464
	d0.9	0.354	0.121	0.004*	
pH	AN	0.028	0.176	0.874	
	SOC	−0.082	0.168	0.624	
	WC	−1.204	0.288	0*	0.38
	CD	1.744	0.35	0*	
	d0.5	−0.011	0.169	0.949	
SOC	AP	0.011	0.016	0.489	
	TN	−0.053	0.054	0.325	
	TOC	1.032	0.048	0*	0.992
	d0.9	0.02	0.148	0.891	
CD	TP	−0.422	0.253	0.095	
	pH	−1.606	0.786	0.041*	
	AK	1.125	0.465	0.015*	0.184
	H	−0.741	0.331	0.025*	
d0.9	TN	0.154	0.762	0.84	
	TOC	2.306	15.281	0.88	0.151
	SOC	−2.039	14.726	0.89	

注：*表示通过显著性检验，$P \leqslant 0.05$表示显著，$P > 0.05$表示不显著，B表示影响系数，SE表示标准误。

从对大汊湖洲滩AGB的结构方程模型建模结果（表5-15）来看，大汊湖洲滩R^2达到0.464，说明所构建的模型能在一定程度上解释大汊湖洲滩AGB变化对土壤理化因子的响应关系。在LASSO回归中筛选出的4个主要变量pH、SOC、CD和d0.9中，通过模型的显著性检验发现，pH和d0.9对大汊湖洲滩湿地的AGB分布有显著性影响，而SOC和CD对大汊湖洲滩AGB分布并没有影响。其中pH对AGB具有负向的作用，而d0.9对AGB则有正向的作用，且pH的影响作用略大于d0.9的作用。针对于pH的建模结果，模型的R^2为0.38，WC和CD通过该方程的显著性检验，说明在大汊湖洲滩WC和CD是显著影响该洲滩湿地pH的两种土壤理化因子。另外从其他几种因子的建模结果来看，SOC 的分布与 TOC 密切相关，而 pH、AK 和 H 则可能是影响 CD 的主要影响因子。与 d0.9 相关性较大的几个因子均没有通过方程的显著性检验。

表 5-16　大湖池洲滩结构方程模型结果

		B	SE	P	R^2
AGB	pH	−0.21	0.121	0.083	0.571
	H	0.317	0.106	0.003*	
	CD	−0.126	0.163	0.438	
	WC	−0.338	0.164	0.04*	
pH	AP	−0.159	0.149	0.284	0.316
	TN	0.492	0.959	0.608	
	TOC	−0.942	1.516	0.534	
	SOC	0.703	1.095	0.521	
	WC	0.586	0.281	0.037*	
WC	TP	−0.397	0.185	0.032*	0.236
	pH	−0.115	0.357	0.748	
	CD	0.047	0.407	0.907	
	H	−0.33	0.178	0.063	
CD	pH	0.171	0.112	0.128	0.626
	WC	0.671	0.178	0*	

注：*表示通过显著性检验，$P \leqslant 0.05$ 表示显著，$P > 0.05$ 表示不显著，B 表示影响系数，SE 表示标准误。

从大湖池 AGB 的结构方程模型建模结果（表 5-16）来看，大湖池洲滩 R^2 达到 0.571，比大汉湖洲滩的 R^2 更高，说明所构建的模型能在一定程度上解释大湖池洲滩 AGB 变化对土壤理化因子的响应关系。在 LASSO 回归中 4 个主要变量 pH、H、CD 和 WC 中，通过模型的显著性检验发现，可以认为 H 和 WC 对大湖池洲滩湿地的 AGB 分布有显著性影响，而 pH 和 CD 对大湖池洲滩 AGB 分布并没有影响。对于 pH 的建模结果，模型的 R^2 为 0.316，只有 WC 通过显著性检验，说明在大汉湖洲滩 WC 可能是影响该洲滩湿地 pH 的一种土壤理化因子。另外从其他两种因子的建模结果来看，WC 的分布可能受 TP 影响，而 WC 是影响 CD 的主要影响因子。

对赣江洲滩 AGB 的建模结果（表 5-17）来看，赣江洲滩 R^2 达到 0.420，相对于大汉湖和大湖池洲滩，其模型的 R^2 稍低，但是所选 4 个变量均通过模型的显著性检验，说明 LASSO 方法所选 4 个因子可能均对赣江洲滩 AGB 变化产生一定影响。土壤粒径参数 d0.1、H 和 AP 均对 AGB 具有正向作用，WC 对 AGB 分布有负向作用，且 4 个因子对 AGB 的影响作用大小几乎相同。针对 AP 的建模结果，模型的 R^2 为 0.634，TP 和

pH通过显著性检验,说明在赣江洲滩这2种因子可能是影响该洲滩湿地AP变化的土壤理化因子。另外从其他两种因子的建模结果来看,R^2均在0.6以上,模型建模效果较好,可以发现在赣江洲滩WC的分布可能受TK、CD和H影响,而d0.5是影响d0.1的主要影响因子。

表5-17 赣江洲滩结构方程模型结果

		B	SE	P	R^2
AGB	AP	0.263	0.12	0.029*	0.420
	H	0.269	0.141	0.046*	
	d0.1	0.235	0.115	0.041*	
	WC	−0.261	0.134	0.042*	
AP	TP	0.325	0.127	0.01*	0.634
	pH	−0.377	0.122	0.002*	
	TN	−0.159	0.79	0.84	
	TOC	−1.228	0.992	0.216	
	SOC	1.832	0.963	0.057	
	H	−0.104	0.11	0.345	
WC	TK	-0.205	0.099	0.038*	0.602
	CD	0.559	0.104	0*	
	H	−0.273	0.104	0.009*	
d0.1	AK	0.219	0.121	0.07	0.736
	d0.5	1.013	0.121	0*	

注:*表示通过显著性检验,$P \leqslant 0.05$表示显著,$P > 0.05$表示不显著,B表示影响系数,SE表示标准误。

综上,比较结构方程模型在全湖尺度和3种洲滩湿地的应用效果(表5-14,表5-15,表5-16,表5-17)来看,模型大湖池洲滩建模效果($R^2=0.571$)要稍好于在大汊湖($R^2=0.464$)和赣江洲滩($R^2=0.420$),全湖尺度模型的拟合效果($R^2=0.291$)相对其他3种最差。通过结构方程模型观察3个洲滩影响AGB变化主要的土壤因子的贡献值大小,其中单一因子的影响效应值大小为该因子的直接效应和间接效应之和。3个洲滩的具体总效应如表5-18所示。在全湖尺度土壤的pH和WC、大汊湖洲滩土壤的pH和d0.9、大湖池洲滩土壤的H和WC、赣江洲滩土壤的AP、H、d0.1和WC分别是影响各自洲滩湿地AGB变化大小的主要因子,并且可以发现最终全湖尺度和3个洲滩最大的限制因子即总效应最大的因子分别是WC、pH、H和AP。湿地植被的生长状况与湿地的外界理化环境以及自身对环境的耐受力相关,从而综合来看,局部空间尺度上,鄱阳湖不同类型的洲滩湿地AGB对土壤理化因子的响应关系存在共性也存在差异性。高程H、土壤含水率和土壤粒径以及土壤的pH是影响鄱阳湖湿地洲滩AGB分布大小的主导性土壤理化因子,这符合鄱阳湖湿地独特的水文环境对湿地植被的作用条件。通常局部空间尺度上,洲滩湿地所在高程的大小,直接主导其土壤受湿地水文条件影响的大小,高程越高,其土壤含水量通常越低,因而高程是影响土壤含水率大小的外部条件。土壤粒径大小通常决定了土壤的持水能力,因而是影响土壤含水率大小的内部条件。同时洲滩所处的水文环境一定程度上决定了其土壤pH和养分含量的分布特征。最终这些直接、间接的作用通过土壤含水率和土壤理化条件综合指标pH施加于湿地植被的生理阈值,造就了鄱阳湖典型洲滩的地表生物量分布特征。

表5-18　效应分析汇总

		直接效应	间接效应	总效应
全湖	pH	−0.219	0	−0.219
	WC	−0.334	0	−0.334
大汉湖	pH	−0.382	−0.206	−0.588
	d0.9	0.354	0	0.354
大湖池	H	0.317	0.317	0.634
	WC	−0.338	0.246	−0.092
赣江	AP	0.263	0.468	0.731
	H	0.269	0.269	0.538
	d0.1	0.235	0.29	0.525
	WC	−0.261	−0.021	−0.282

3. 小结

通过相关性分析及LASSO-SEM界定了影响各典型洲滩湿地AGB的关键性土壤理化因子,并对影响AGB变化的关键性土壤理化因子空间插值,主要得出以下几点结论:

(1)全湖尺度上AGB主要与pH、AK、TK、AP、WC、CD、d0.1和d0.5等8个土壤理化因子呈不同程度的显著相关性。大汉湖洲滩湿地AGB主要与pH、AK、TN、TOC、H、SOC、CD和d0.9等8个因子均存在不同程度的显著相关性。大湖池洲滩湿地AGB主要与pH、H、WC和CD等4个因子均存在不同程度的显著相关性。赣江洲滩湿地AGB主要与AP、H、WC、CD和d0.1等5个因子均存在不同程度的显著相关性。

(2)对AGB变化有显著影响的主要土壤理化因子:全湖尺度上分别为pH、AP、H、WC和d0.5,大汉湖洲滩分别为pH、SOC、CD和d0.9,大湖池洲滩分别为pH、H、WC和CD,赣江洲滩分别为AP、H、WC和d0.1 4个变量。

（3）利用结构方程模型 SEM 对典型洲滩的可能影响 AGB 变化的关键性土壤理化因子及其影响效应大小进行了界定。全湖尺度上土壤的 pH 和 WC 是影响 AGB 变化大小的关键性土壤理化因子，其影响系数大小分别为−0.219、−0.334。大汉湖洲滩土壤的 pH 和 d0.9 是影响 AGB 变化大小的关键性土壤理化因子，其影响系数大小分别为−0.588、0.354。大湖池洲滩土壤的 H 和 WC 是影响 AGB 变化大小的关键性土壤理化因子，其影响系数大小分别为 0.634、−0.092。赣江洲滩土壤的 AP、H、d0.1 和 WC 是影响 AGB 变化大小的关键性土壤理化因子，其影响系数大小分别为 0.731、0.538、0.525 和−0.282。综合来看，WC 和土壤粒径参数以及土壤的 pH 是影响鄱阳湖典型洲滩湿地 AGB 大小的主导性土壤理化因子，由此推断鄱阳湖水文波动主导的土壤物理环境条件变化是影响洲滩湿地 AGB 的主导因素。

第六章　研究结论与展望

第一节 主要结论

本研究针对大型通江湖泊湿地的特殊性、复杂性和重要性,以及近年江湖关系变化对通江湖泊湿地生态系统产生影响等问题,以湖泊水位季节性波动剧烈、洲滩湿地植被对水位波动响应迅速的鄱阳湖湿地为研究对象,基于长时间序列水文数据、遥感数据、野外定位观测与采样数据、大比例尺湖盆地形数据,借助GIS技术、数理统计、模型模拟等方法,系统分析了鄱阳湖近30年水文节律特征及其变化;从景观和群落两个尺度,揭示了典型洲滩湿地植被景观带时空演变规律;识别了影响鄱阳湖洲滩湿地植被空间格局变化的关键水位波动变量,揭示了鄱阳湖洲滩湿地植被对水位波动的响应机制及空间差异;阐明了水位波动与土壤等环境因子对三角洲洲滩湿地、碟形洼地湿地植物群落格局、生物量空间变化的多因子协同作用机制,为通江湖泊湿地生态-水文过程的耦合研究提供范式。主要结论如下:

1. 近30年鄱阳湖季尺度水位波动以2003年为重要时间节点,存在显著的变化。(1) 2003–2014年相对于1980–2002年,涨、丰、退、枯四个季节鄱阳湖水情均呈偏枯趋势,以退水和丰水期水位降幅最为显著,水位降幅由上游南部湖区至下游北部湖区逐步增大。(2)鄱阳湖水位-流量逆时针绳套曲线整体呈现"顶端拉平,两翼收缩"趋势,鄱阳湖涨水期湖水顺利汇入长江而涨水缓慢,退水期湖水急速下泄入江而退水迅速,导致湖泊水文节律出现洪旱急转情势。(3)退水阶段由稳定退水向迅速退水的转变,是湖泊水文节律变化的触发点,江湖交互作用而非上游五河来流的变化是湖泊水文节律变化的主要原因。

2. 近30年鄱阳湖典型植被景观带分布面积呈增加趋势,平均高程分布下限呈下移趋势。(1)鄱阳湖洲滩湿地总面积呈现出2007年以前比较稳定,之后有显著增加的变化趋势。苔草-薹草景观带分布面积呈现出在2007年以前略有减少,之后略有增加,但总体上保持相对稳定的波动变化趋势,多年平均面积为378 km²;而南荻-芦苇景观带分布面积则呈现出显著且连续稳定增长的变化趋势,其多年平均面积为325 km²,多年平均变化率达到12 km²/a。全湖区苔草-薹草景观带的分布高程平均为12.3 m,南荻-芦苇景观带分布高程平均为13.5 m;两种典型植被景观带在很大的高程区间内交错分布。(2)1989–2010年,两种典型植被景观带分布高程下限总体上有下降趋势,全湖区苔草-藜草景观带多年平均分布高程下限为10.9 m,变化速率为0.3 m/a;全湖区南荻-芦苇景观带多年平均分布高程下限为11.4 m,变化速率为0.44 m/a。

3. 鄱阳湖湿地典型植被景观带分布面积和高程对季节尺度水位变量存在响应关系,丰水期和退水期的水情影响植被的分布面积,退水期的水情影响植被分布高程。(1)丰水季节水情是决定两种典型植被景观分布面积最为重要的水位波动变量:丰水季节的高水情促进苔草-藜草景观分布面积的扩大而抑制南荻-芦苇景观分布面积的增长;反之,丰水季节的较低水情则可能导致南荻-芦苇景观分布面积的膨胀和苔草-藜草景观分布面积的萎缩。退水季节水情是影响两种典型植被景观分布面积次为重要的水位波动变量:退水季节的偏枯水情对两种典型植被景观分布面积的扩展存在相同的促进作用;反之,退水季节的高水情则对两种典型植被景观分布面积的扩展均存在抑制作用。(2)鄱阳湖湿地典型植被景观分布高程与退水季节平均水位的波动具有一定的关系。苔草-藜草景观带高程分布下限迁移量 ΔH 与退水季节平均水位波动量 ΔW 可用一元线性回归模型描述为 $\Delta H = 0.12\Delta W - 0.27$($P < 0.001$,$n = 76$);南荻-芦苇景观带高程分布下限迁移量 ΔH 与退水季节平均水位波动量 ΔW 可用一元线性回归模型描述为 $\Delta H = 0.15\Delta W - 0.33$($P < 0.001$,$n = 76$)。由此可见,南荻-芦苇景观带和苔草-藜草景观带均存在正值的自发高程分布下限迁移量与边际迁移量,且南荻-芦苇景观带分布高程各下限迁移量均大于苔草-藜草景观带分布高程下限迁移量,即鄱阳湖湿地不考虑退水季节平均水位影响的情况下即存在正向演替;而退水期的偏枯水情会提高鄱阳湖湿地植被正向演替的速率。

4. 鄱阳湖湿地典型植被地表生物量的分布受水位波动及土壤理化因子等的共同影响,而水分条件是主导因子。(1)2010-2016年,苔草、藜草、藜蒿和南荻群落平均地表生物量密度分别为1.28 kg/m²、0.64 kg/m²、1.26 kg/m²和1.39 kg/m²。冲积三角洲洲滩湿地AGB明显高于碟形洼地洲滩湿地,闸控碟形洼地大湖池洲滩AGB略高于无闸控的大汊湖洲滩。(2)碟形洼地洲滩湿地的土壤养分含量高于冲积三角洲洲滩湿地,而两种不同的碟形洼地洲滩相比,闸控大湖池洲滩高于无闸控的大汊湖洲滩湿地。(3)土壤WC、pH及土壤粒径参数是影响鄱阳湖典型洲滩湿地AGB的主导性土壤环境因子。全湖尺度上土壤的pH和WC是影响AGB变化大小的关键性土壤理化因子,影响系数分别为-0.219、-0.334。大汊湖洲滩土壤的pH和d0.9是影响AGB变化大小的关键性土壤理化因子,影响系数分别为-0.588、0.354。大湖池洲滩土壤的H和WC是影响AGB变化大小的关键性土壤理化因子,影响系数分别为0.634、-0.092。赣江洲滩土壤的AP、H、d0.1和WC是影响AGB变化大小的关键性土壤理化因子,影响系数分别为0.731、0.538、0.525和-0.282。

第二节　讨论与问题

本研究对鄱阳湖近年来水位波动变化的揭示与已有研究成果具有高度的一致性，结合本研究得到的湿地植被分布面积、高程及地表生物量对水位波动响应规律，可以很好地解释湿地植被近年来在水位波动情势改变下的变化过程。由于涉及问题众多，受时间和精力限制，本研究还存在很多不足之处，有待于今后深入的研究和探讨：

（1）鄱阳湖湿地植被景观的空间分布在湖泊水位波动这一主控因子形成的水分梯度影响下，呈现各典型植被景观带占据特定生态位空间，并沿湖泊岸线条带状分布的总体格局。湿地植被景观的空间分布格局是气候、地貌、土壤等多环境要素综合作用的结果，即除水位外的其他环境因子对湿地植被景观带空间分布格局的影响也不容忽视，如土壤养分、土壤盐分、土壤热量以及地下水、土壤水等土壤淹渍程度特征，气温、降水、地面坡度等其他特征。虽然本研究通过3种典型洲滩湿地植被及土壤采样数据，初步分析了典型湿地植被地表生物量对水分、土壤理化因子的响应规律，但由于采样次数、采样范围的局限，如何甄别鄱阳湖水位波动与气候、土壤、地形等其他环境因子对不同类型洲滩湿地植被景观分布的协同作用机制仍有待于进一步的深入研究。

（2）由于受遥感数据的时间分辨率和空间分辨率的限制，湿地植被空间分布数据有限，定量反演生物量的时间序列也不够长，未能有效反演长时间序列的鄱阳湖湿地生物量分布特征及波动和发展趋势。同时湿地复杂的水陆过渡带环境，影响遥感影像的分类精度，造成 AGB 反演结果精度具有一定的不确定性。

（3）本研究仅选择了3个典型洲滩，开展了1次植被和土壤样品的采集工作，初步阐述了各洲滩湿地 AGB 对土壤理化因子等的响应关系，存在很大的不确定性。典型洲滩的选择主要集中在湖泊北部，对于全湖尺度分析的代表性还有待于进一步验证。后续研究可以通过增加南部湖区（如鄱阳湖南矶湿地）的采样布点，采用多年的监测数据分析，以降低研究的不确定性。

（4）本研究内容多，工作量大，各部分研究并非同一时间完成，存在数据序列年限不尽一致的问题，后续研究有待于进一步更新和完善数据序列，增加研究的系统性和完整性。

第三节　特色与创新

本研究结果旨在通过对鄱阳湖典型湿地景观结构要素（分布面积、分布高程、生物量）的观测，获取最关键的水位波动变量以及水位波动过程对其影响的关键参数，明确湿地植被景观结构与演变对湖泊水文波动过程的响应特征。与已有的湿地植被对水位波动响应研究相比较，具有以下几个方面的特色和创新：

（1）研究特色在于以高水位变幅驱动鄱阳湖洲滩湿地为对象，综合应用遥感与GIS技术、野外监测、室内实验、多尺度时空模型模拟等方法，基于生态水文学理论进行湖泊多时间尺度水位波动过程对洲滩湿地植被时空格局影响的机理性研究，尝试探讨通江湖泊特殊的水文过程对湿地生态系统影响研究的新思路和新方法。

（2）通过遥感与GIS技术、实地调查、采样分析、定位监测和模型模拟，揭示鄱阳湖不同地貌类型洲滩湿地植物群落格局对不同水位波动模式的响应机制，尝试探索湿地生态过程对水文过程响应机制的空间异质性是本项目的创新之一。

（3）针对已有研究多以描述性统计及回归分析方法为主，缺乏机理性的空间建模研究的薄弱环节，本项目通过构建生态统计模型（CART）、多尺度多层次模型（LASSO-SEM）等，定量提取影响洲滩湿地植被空间格局的具有生态意义的表征水位波动模式的关键指标，通过水位波动变量与土壤等多环境因子的协同作用机制研究，定量区分水位波动对湿地植被空间格局变化的影响分量是本项目的创新之二。

主要参考文献

Abbasi S, Afsharzadeh S, Akkafi H R. 2016. Vegetation diversity of ecological plant groups in relation to environmental factors on the southern slopes of Karkas Mountain (Natanz, Iran)[J]. Phytologia Balcanica International Journal of Balkan Flora & Vegetation, 22: 419-427.

Abrahams C. 2008. Climate change and lakeshore conservation: a model and review of management techniques[J]. Hydrobiologia, 613(1): 33-43.

Adam E, Mutanga O. 2009. Spectral discrimination of papyrus vegetation (Cyperus papyrus L.) in swamp wetlands using field spectrometry[J]. ISPRS Journal of Photogrammetry and Remote Sensing, 64(6): 612-620.

Adam E, Mutanga O, Rugege D. 2010. Multispectral and hyperspectral remote sensing for identification and mapping of wetland vegetation: a review[J]. Wetlands Ecology and Management, 18(3): 281-296.

Ahl D E, Gower S T, Mackay D S, et al. 2004. Heterogeneity of light use efficiency in a northern Wisconsin forest: implications for modeling net primary production with remote sensing[J]. Remote Sensing of Environment, 93(1): 168-178.

Anderson J C, Gerbing D W. 1988. Structural equation modeling in practice: A review and recommended 2-step approach [J]. Psychological Bulletin, 103(3), 411-423.

Barrett G. 2006. Vegetation communities on the shores of a salt lake in semiarid Western Australia[J]. Journal of Arid Environments, 67: 77-89.

Basham M A M, Pinder III J E, Kroh G C. 1997. A comparison of Landsat Thematic Mapper and SPOT multi-spectral imagery for the classification of shrub and meadow vegetation in northern California, USA [J]. International Journal of Remote Sensing, 18(18): 3719-3728.

Blanch S J, Ganf G G, Walker K F. 1999. Tolerance of riverine plants to flooding and exposure indicated by water regime[J]. Regulated Rivers: Research & Management, 15(1): 43-62.

Bond N R, Lake P, Arthington A H. 2008. The impacts of drought on freshwater eco-systems: an Australian perspective[J]. Hydrobiologia, 600(1): 3-16.

Bonnell M. 2002. Ecohydrology—a completely new idea?[J].Hydrological Sciences Journal, 47: 809-810.

Bornman T G, Adams J B, Bate G C. 2008. Environmental factors controlling the vegetation zonation patterns and distribution of vegetation types in the Olifants Estuary, South Africa[J]. South African Journal of Botany, 74(4): 685-695.

Breiman L, Friedman J H, Olshen R, et al. 1984. Classification and Regression Trees [J]. Biometrics, 1(1): 14-23.

Brix H. 1999. The European research project on reed die-back and progression (EU-REED)[J]. Limnologica - Ecology and Management of Inland Waters, 29(99): 5-10.

Budzisz M, Ciesliński R, Wozniak E. 2016. Effect of changes in groundwater levels on selected wetland plant communities[J]. XV(Suppl. 2): 19-29.

Buscema M. 1998. Back propagation neural networks[J]. International Journal of the Addictions, 33(2): 233-70.

Carmignani J R, Roy A H. 2017. Ecological Impacts of Winter Water Level Draw-downs on Lake Littoral Zones: A Review[J]. Aquatic Sciences, 79(4): 803-824.

Casanova M T, Brock M A. 2000. How do depth, duration and frequency of flooding influence the establishment of wetland plant communities?[J]. Plant Ecology, 147(2): 237-250.

Chen J M, Liu J, Leblanc S G, et al. 2003. Multi-angular optical remote sensing for assessing vegetation structure and carbon absorption[J]. Remote Sensing of Environment, 84(4): 516-525.

Coller A L V, Rogers K H, Heritage G L. 2000. Riparian vegetation-environment relationships: complimentarity of gradients versus patch hierarchy approaches[J]. Journal of Vegetation Science, 11(3): 337-350.

Coops H, Beklioglu M, Crisman T L. 2003. The role of water-level fluctuations in shallow lake ecosystems-workshop conclusions[J]. Hydrobiologia, 506(1-3): 23-27.

Coops H, Hosper S H. 2002. Water-level management as a tool for the restoration of shallow lakes in the Netherlands[J]. Lake Reserv Manage, 18(4): 293-298.

Crasto N, Hopkinson C, Forbes D, et al. 2015. A LiDAR-based decision-tree classification of open water surfaces in an Arctic delta[J]. Remote Sensing of Environment, 164: 90-102.

Cui J, Li C, Trettin C. 2005. Analyzing the ecosystem carbon and hydrologic characteristics of forested wetland using a biogeochemical process model[J]. Global Change Biology, 11(2): 278-289.

Cutler A, Cutler D R, Stevens J R. 2005. Random Forests[M].Encyclopedia of Statistics in Behavioral Science. John Wiley & Sons, Ltd.

Dabrowska Z K, Kogan F, Ciolkosz A, et al. 2002. Modelling of crop growth conditions and crop yield in Poland using AVHRR-based indices[J]. International Journal of Remote Sensing, 23(6): 1109-1123.

Dai X, Wan R, Yang G. 2015. Non-stationary water-level fluctuation in China's Poyang Lake and its interactions with Yangtze River [J]. Journal of Geographical Sciences, 25 (3): 274-288.

Dai X, Wan R, Yang G, et al. 2016. Responses of wetland vegetation in Poyang Lake, China to water-level fluctuation[J]. Hydrobiologia, 773: 35-47.

Dai X, Wan R, Yang G, et al. 2019. Impact of seasonal water-level fluctuations on autumn vegetation in Poyang Lake wetland, China [J]. Frontiers of Earth Science, 13(2): 398-409.

Daoust R J, Childers D L. 1998. Quantifying aboveground biomass and estimating net aboveground primary production for wetland macrophytes using a non-destructive phenometric technique[J]. Aquatic Botany, 62(2): 115-133.

Dronova I, Gong P, Wang L, et al. 2015. Mapping dynamic cover types in a large seasonally flooded wetland using extended principal component analysis and object-based classification[J]. Remote Sensing of Environment, 158: 193-206.

Duan H L, Zhao A, Yao Z. 2017. Niches of the Major Plant Populations in Grasslands Typical of the Poyang Lake Wetland in Five Resources-Environmental Gradients[J]. Journal of Ecology & Rural Environment, 33(3): 225-233.

Fan H, Xu L, Wang X, et al. 2017. Relationship Between Vegetation Community Distribution Patterns and Environmental Factors in Typical Wetlands of Poyang Lake, China [J]. Wetlands(4): 1-13.

Feng L, Hu C, Chen X, et al.2012. Assessment of inundation changes of Poyang Lake using MODIS observations between 2000 and 2010[J]. Remote Sensing of Environment, 121: 80-92.

Furey P C, Nordin R N, Mazumder A. 2009. Water Level Drawdown Affects Physical and Biogeochemical Properties of Littoral Sediments of a Reservoir and a Natural Lake [J]. Lake and Reservoir Management, 20(4): 280-295.

Gao J, Jia J, Kettner A J, et al. 2014. Changes in water and sediment exchange between the Changjiang River and Poyang Lake under natural and anthropogenic conditions, China [J]. Science of the Total Environment, 481: 542-553.

Geerling G, Labrador G M, Clevers J, et al. 2007. Classification of floodplain vegetation by data fusion of spectral (CASI) and LiDAR data [J]. International Journal of Remote Sensing, 28(19): 4263-4284.

Goward S N, Tucker C J, Dye D G. 1985. North American vegetation patterns observed with the NOAA-7 advanced very high resolution radiometer [J]. Vegetatio, 64(1): 3-14.

Graf W L. 2006. Downstream hydrologic and geomorphic effects of large dams on American rivers [J]. Geomorphology, 79(3): 336-360.

Grime J P. 1979. Plant Strategies and Vegetation Processes [M]. Wiley: Chichester.

Guyot G. 1990. Optical properties of vegetation canopies. In: Steven M D, Clark J A, 1990. Applications of Remote Sensing in Agriculture [M]. Butterworth-Heinemann.

Hannon G E, Gaillard M J. 1997. The plant-macrofossil record of past lake-level changes [J]. Journal of Paleolimnology, 18(1): 15-28.

Harvey K, Hill G. 2001. Vegetation mapping of a tropical freshwater swamp in the Northern Territory, Australia: a comparison of aerial photography, Landsat TM and SPOT satellite imagery [J]. International Journal of Remote Sensing, 22(15): 2911-2925.

Hellsten S, Marttunen M, Visuri M, et al. 2002. Indicators of sustainable water level regulation in northern river basins: a case study from the River Paatsjoki water system in northern Lapland [J]. Archiv Hydrobiologie Supplement, 141(3/4): 353-370.

Heumann B W. 2011. An object-based classification of mangroves using a hybrid decision tree—Support vector machine approach [J]. Remote Sensing, 3(11): 2440-2460.

Hirano A, Madden M, Welch R. 2003. Hyperspectral image data for mapping wetland vegetation [J]. Wetlands, 23(2): 436-448.

Hofmann H, Lorke A, Peeters F. 2008. Temporal scales of water-level fluctuations in lakes and their ecological implications [M]. Springer Netherlands.

Holland J H. 1975. Adaptation in natural and artificial systems: an introductory analysis with applications to biology, control, and artificial intelligence [M]. Michigan: Michigan Press.

Hu Q, Feng S, Guo H, et al. 2007. Interactions of the Yangtze river flow and hydrologic processes of the Poyang Lake, China [J]. Journal of Hydrology, 347(1/2): 90-100.

Hu Y X, Huang J L, Du Y, et al. 2015. Monitoring wetland vegetation pattern response to water-level change resulting from the Three Gorges Project in the two largest freshwater lakes of China[J]. Ecological Engineering, 74: 274-285.

Hudon C, Wilcox D, Ingram J. 2006. Modeling wetland plant community response to assess water-level regulation scenarios in the Lake Ontario—St. Lawrence River basin[J]. Environmental Monitoring and Assessment, 113(1/2/3): 303-328.

Huete A R. 1988. A soil-adjusted vegetation index (SAVI)[J]. Remote Sensing of Environment, 25(3): 295-309.

Igbaria M, Zinatelli N, Cragg P, et al. 1997. Personal Computing Acceptance Factors in Small Firms: A Structural Equation Model [J]. MIS Quarterly, 21(3): 279-305.

Jessika T, Alain P. 2005. Towards operational monitoring of a northern wetland using geomatics-based techniques[J]. Remote Sensing of Environment, 97(2): 174-191.

Jin Q, Wu Q, Zhong X Z, et al. 2017. Soil organic carbon and its components under different plant communities along a water table gradient in the Poyang Lake wetland[J]. Chinese Journal of Ecology, 36(5): 1180-1187.

Jöhnk K D, Straile D, Ostendorp W. 2004. Water level variability and trends in Lake Constance in the light of the 1999 centennial flood[J]. Limnologica, 34(1/2): 15-21.

Johnston R M, Barson M M. 1993. Remote sensing of Australian wetlands: An evaluation of Landsat TM data for inventory and classification [J]. Marine and Freshwater Research, 44(2): 235-252.

Kaufman Y J, Tanr D. 1992. Atmospherically resistant vegetation index (ARVI) for EOS-MODIS[J]. IEEE Transactions on Geoscience & Remote Sensing, 302(2): 261-270.

Keddy P A. Reznicek A A. 1986. Great lakes vegetation dynamics: The role of fluctuating water levels and buried seeds[J]. Journal Of Great Lakes Research, 12(1): 25-36.

Keto A, Tarvainen A, Marttunen M, et al. 2008. Use of the water-level fluctuation analysis tool (Regcel) in hydrological status assessment of Finnish lakes[J]. Hydrobiologia, 613(1): 133-142.

Koppitz H, Dewender M, Ostendorp W, et al. 2004. Amino acids as indicators of physiological stress in common reed Phragmites australis affected by an extreme flood[J]. Aquatic Botany, 79(4): 277-294.

Koull N, Chehma A. 2016. Soil characteristics and plant distribution in saline wetlands of Oued Righ, northeastern Algeria[J]. Journal of Arid Land, 8(6): 948-959.

Kurvonen L, Pulliainen J, Hallikainen M. 1999. Retrieval of biomass in boreal forests from multitemporal ERS-1 and JERS-1 SAR images[J]. Geoscience and Remote Sensing, IEEE Transactions on, 37(1): 198-205.

Laba M, Downs R, Smith S, et al. 2008. Mapping invasive wetland plants in the Hudson River National Estuarine Research Reserve using quickbird satellite imagery [J]. Remote Sensing of Environment, 112(1): 286-300.

Leira M, Cantonati M. 2008. Effects of water-level fluctuations on lakes: an annotated bibliography[J]. Hydrobiologia, 613: 171-184.

Lenters J D. 2001. Long-term Trends in the Seasonal Cycle of Great Lakes Water Levels[J].Great Lakes Res, 27(3):342-353.

Li L, Chen Y, Xu T, et al. 2015. Super-resolution mapping of wetland inundation from remote sensing imagery based on integration of back-propagation neural network and genetic algorithm[J]. Remote Sensing of Environment, 164: 142-154.

Liu H Q, Huete A. 1995. A feedback based modification of the NDVI to minimize canopy background and atmospheric noise [J]. IEEE Transactions on Geoscience & Remote Sensing, 33(2): 457-465.

Liu J, Qiu C, Xiao B, et al. 2000. The role of plants in channel-dyke and field irrigation systems for domestic wastewater treatment in an integrated eco-engineering system [J]. Ecological Engineering, 16(2):235-241.

Liu Y B, Song P, Peng J, et al. 2012. A physical explanation of the variation in threshold for delineating terrestrial water surfaces from multi-temporal images: effects of radiometric correction[J]. International Journal of Remote Sensing, 33(18):5862-5875.

Liu Y, Wu G, Zhao X. 2013. Recent declines in China's largest freshwater lake: trend or regime shift?[J]. Environmental Research Letters, 8(1): 14010-14018.

Loiselle S A, Bracchini L, Cozar A, et al. 2005. Extensive spatial analysis of the light environment in a subtropical shallow lake, Laguna Ibera, Argentina[J]. Hydrobiologia, 534 (1/2/3):181-191.

Lu D. 2006. The potential and challenge of remote sensing based biomass estimation [J]. International Journal of Remote Sensing, 27(7): 1297-1328.

Maltchik L, Rolon A, Schott P. 2007. Effects of hydrological variation on the aquatic plant community in a floodplain palustrine wetland of southern Brazil[J]. Limnology, 8 (1):23-28.

Marttunen M, Hellsten S, Keto A. 2001. Sustainable development of lake regulation in Finnish lakes[J]. Vatten, 57(1):29-37.

Melgani F, Bruzzone L. 2004. Classification of hyperspectral remote sensing images with support vector machines[J]. IEEE Transactions on Geoscience and Remote Sensing, 42(8): 1778-1790.

Miller R C, Zedler J B. 2003. Responses of native and invasive wetland plants to hydroperiod and water depth[J]. Plant Ecology, 167(1): 57-69.

Mountrakis G, Im J, Ogole C. 2011. Support vector machines in remote sensing: A review [J]. ISPRS Journal of Photogrammetry and Remote Sensing, 66(3): 247-259.

Mutanga O, Adam E, Cho M A. 2012. High density biomass estimation for wetland vegetation using WorldView-2 imagery and random forest regression algorithm[J]. International Journal of Applied Earth Observation and Geoinformation, 18: 399-406.

Naidoo G, Kilt J. 2006. Responses of the saltmash rush juncus kraussii to salinity and watedogging[J]. Aquatic Botany, 84: 165-170.

Nechwatal J, Wielgoss A, Mendgen K. 2008. Flooding events and rising water temperatures increase the significance of the reed pathogen Pythium phragmitis as a contributing factor in the decline of Phragmites australis[J]. Hydrobiologia, 613(1): 109-115.

Nilsson C, Keddy P A. 1988. Predictability of Change in Shoreline Vegetation in a Hydroelectric Reservoir, Northern Sweden[J]. Canadian Journal of Fisheries and Aquatic Sciences, 45(11): 1896-1904.

Ohser J. 1983. On estimators for the reduced second moment measure of point processes[J]. Series Statistics, 14(1): 63-71.

Ostendorp W. 1989. Dieback of Reeds in Europe - a Critical-Review of Literature[J]. Aquatic Botany, 35(1): 5-26.

Ozesmi S L, Bauer M E. 2002. Satellite remote sensing of wetlands [J]. Wetlands Ecology and Management, 10(5): 381-402.

Pabst S, Scheifhacken N, Hesselschwerdt J, et al. 2008. Leaf litter degradation in the wave impact zone of a pre-alpine lake[J]. Hydrobiologia, 613: 117-131.

Pearson R L, Miller L D. 1972. Remote mapping of standing crop biomass for estimation of the productivity of the shortgrass prairie[C]//Proceedings of the Remote Sensing of Environment, VIII. Michigan: Willow Run Laboratories, Environmental Research Institute of Michigan: 1355.

Pengra B W, Johnston C A, Loveland T R. 2007. Mapping an invasive plant, *Phragmites australis*, in coastal wetlands using the EO-1 Hyperion hyperspectral sensor [J]. Remote Sensing of Environment, 108(1): 74-81.

Pennings S C, Callaway R M. 1992. Salt marsh plant zonation: the relative importance of competition and physical factors[J]. Ecology, 73: 681-690.

Pinay G, Lément J C, Naiman R J. 2002. Basic principles and ecological consequences of changing water regimes on nitrogen cycling in fluvial systems [J]. Environmental Management, 30: 481-491.

Pinty B, Verstraete M. 1992. GEMI: a non-linear index to monitor global vegetation from satellites[J]. Vegetatio, 101(1): 15-20.

Poff N L, Richter B D, Arthington A H, et al. 2010. The ecological limits of hydrologic alteration (ELOHA): a new framework for developing regional environmental flow standards[J]. Freshwater Biology, 55(1): 147-170.

Porporato A, Laio F, Ridolfi L, et al. 2001. Plants in water-controlled ecosystems: active role in hydrologic processes and response to water stress: III. Vegetation water stress [J]. Advances in Water Resources, 24(7): 725-744.

Potter C. 2010. The carbon budget of California[J]. Environmental Science & Policy, 13(5): 373-83.

Qi J, Chehbouni A, Huete A R, et al. 1994. A modified soil adjusted vegetation index [J]. Remote Sensing of Environment, 48(2): 119-126.

Qian S S, Anderson C W. 1999. Exploring factors controlling the variability of pesticide concentrations in the Willamette River Basin using tree-based models[J]. Environmental Science & Technology, 33: 3332-3340.

Ramsar Convention Secretariat. 2010. Designating Ramsar Sites: Strategic Framework and guidelines for the future development of the List of Wetlands of International Importance. Ramsar handbooks for the wise use of wetlands, 4th edition, vol. 17 [R]. Ramsar Convention Secretariat, Gland, Switzerland.

Richardson A J, Wiegand C. 1977. Distinguishing vegetation from soil background information by (gray mapping of Landsat MSS data) [J]. Photogramm Eng. Remote sens., 43: 1541-1552.

Richter B D, Baumgartner J V, Braun D P, et al. 1998. A spatial assessment of hydrologic alteration within a river network[J]. Regulated Rivers-Research & Management, 14 (4): 329-340.

Richter B D, Baumgartner J V, Powell J, et al. 1996. A method for assessing hydrologic alteration within ecosystems[J]. Conservation Biology, 10(4): 1163-1174.

Riis T, Hawes I. 2002. Relationships between water level fluctuations and vegetation diversity in shallow water of New Zealand lakes[J]. Aquatic Botany, 74(2): 133-148.

Robert C. 2012. Machine Learning, a Probabilistic Perspective[M]. MIT Press.

Rouse J W. 1974. Monitoring the vernal advancement and retrogradation (greenwave effect) of natural vegetation[J]. Nasa, 23: 1-17.

Sellinger C E, Stow C A, Lamon E C, et al. 2007. Recent water level declines in the Lake Michigan-Huron System[J]. Environmental science & technology, 42(2): 367-373.

Sivakumar R, Ghosh S. 2015. Wetland spatial dynamics and mitigation study: an integrated remote sensing and GIS approach[J]. Natural Hazards, 80(2): 975-995.

Strack M, Waller M F, Waddington J M. 2006. Sedge succession and peatland methane dynamics: A potential feedback to climatechange[J]. Ecosystems, 9: 278-287.

Su X, Zhao D, Huang F, et al. 2011. Development of mangrove monitoring technology using high spatial-resolution satellite images[J]. Journal of Tropical Oceanography, 30 (3): 38-45.

Swatantran A, Dubayah R, Roberts D, et al. 2011. Mapping biomass and stress in the Sierra Nevada using lidar and hyperspectral data fusion[J]. Remote Sensing of Environment, 115(11): 2917-2930.

Taguchi K, Nakata K. 2009. Evaluation of biological water purification functions of inland lakes using an aquatic ecosystem model[J]. Ecological Modelling, 220(18): 2255-2271.

Tibshirani R. 1996. Regression shrinkage and selection via the Lasso [J]. Journal of the Royal Statistical Society Series B-Methodological, 58(1), 267-288.

Touchette B W, Steudler S E. 2009. Climate Change, Drought, and Wetland Vegetation [M]. New York: Springer.

Ukpong I E. 1994. Soil-vegetation interrelationships of mangrove swamps as revealed by multivariate analyses[J]. Geoderma, 64(1): 167-181.

Vermeer J, Berendse F. 1983. The relationship between nutrient availability, shoot biomass and species richness in grassland and wetland communities[J]. Vegetatio, 53(2): 121-126.

Wagner I, Zalewski M. 2000. Effect of hydrobiologieal patterns of tributaries on processes in lowland reservoir consequences for restoration[J]. Ecological Engineering, 16: 79-90.

Wan R, Dai X, Shankman D. 2018. Vegetation response to hydrologic changes in Poyang Lake, China[J]. Wetlands. https://doi.org/10.1007/s13157-018-1046-1.

Wan R, Wang P, Wang X, et al. 2018. Modeling wetland aboveground biomass in the Poyang Lake National Nature Reserve using machine learning algorithms and Landsat-8 imagery. Journal of Applied Remote Sensing, 12(4), 046029, doi: 10.1117/1.JRS.12.046029.

Wan R, Wang P, Wang X, et al. 2019. Mapping above-ground biomass of four typical vegetation types in the Poyang Lake wetlands based on random forest modelling and Landsat images[J]. Frontiers in Plant Science. 10:1281. doi: 10.3389/fpls.2019.01281.

Wan R, Yang G, Dai X, et al. 2018. Water Security-based Hydrological Regime Assessment Method for Lakes with Extreme Seasonal Water Level Fluctuations: A Case

Study of Poyang Lake , China[J]. Chinese Geographical Science(3) : 456-469.

Wang X , Xu L , Wan R , et al. 2016. Seasonal variations of soil microbial biomass within two typical wetland areas along the vegetation gradient of Poyang Lake , China[J]. Catena , 137 : 483-493.

Wang X , Xu L , Wan R , et al. 2014. Characters of soil properties in the wetland of Poyang Lake , China in relation to the distribution pattern of plants[J]. Wetlands , 34 : 829- 839.

Wantzen K M , Rothhaupt K O , Mortl M , et al. 2008. Ecological effects of water-level fluctuations in lakes : an urgent issue[J]. Hydrobiologia , 613 : 1-4

Wantzen K , Machado F , Voss M , et al. 2002. Floodpulse-induced isotopic changes in fish of the Pantanal wetland , Brazil[J]. Aquatic Sciences , 64 : 239-251.

Wassen M J , Grootjans A P. 1996. Ecohydrology : an interdisciplinary approach for wetland management and restoration[J]. Vegetation , 126 : 1-4.

Wei A H , Chow-Fraser P. 2006. Synergistic impact of water level fluctuation and invasion of Glyceria on Typha in a freshwater marsh of Lake Ontario[J]. Aquatic Botany , 84 (1) : 63-69.

Weltzin J F , Pastor J , Harth C. 2000. Response of bog and fen plant communities to warming and watertable manipulations[J]. Ecology , 81 : 3464-3478.

Wilcox D A , Meeker J E. 1992. Implications for Faunal Habitat Related to Altered Macrophyte Structure in Regulated Lakes in Northern Minnesota [J]. Wetlands , 12 (3) : 192-203.

Wilcox D A , Meeker J E , Hudson P L , et al. 2002. Hydrologic variability and the application of index of biotic integrity metrics to wetlands : a Great Lakes evaluation [J]. Wetlands , 22 (3) : 588-615.

Xie Z L , et al. 2010. Analyzing qualitative and quantitative changes in coastal wetland associated to the effects of natural and anthropogenic factors in a part of Tianjin , China[J]. Estuarine Coastal & Shelf Science , 86 : 379-386.

Yin X A , Yang Z F. 2012. A Method to Assess the Alteration of Water-Level-Fluctuation Patterns in Lakes[C]. In 18th Biennial Isem Conference on Ecological Modelling for Global Change and Coupled Human and Natural System , edited by Z. Yang and B. Chen , 13 , 2427-2436. Amsterdam : Elsevier Science Bv.

You H L , Xu L G , Jiang J H , et al. 2014. The effects of water level fluctuations on the wetland landscape and waterfowl habitat of Poyang lake[J]. Fresen Environ Bull , 23 (7) : 1650-1661.

Yuan L Y, Liu Z Y, Feng Y J, et al. 2013. Impact of Water Level Fluctuations on Soil Seed Bank along Riparian Zone in JingJiang River [C]//Third International Conference on Intelligent System Design and Engineering Applications (Isdea): 840-845.

Yuan L, Zhang L. 2006. Identification of the spectral characteristics of submerged plant *Vallisneria spiralis* [J]. Acta Ecologica Sinica, 26(4): 1005-1010.

Zalewski M. 2000. Ecohydrology - the scientific background to use ecosystem properties as management tools toward sustainability of water resources [J]. Ecological Engineering, 16: 1-8.

Zaman B, Jensen A M, Mckee M. 2011. Use of high-resolution multispectral imagery acquired with an autonomous unmanned aerial vehicle to quantify the spread of an invasive wetlands species [C]//Proceedings of the Geoscience and Remote Sensing Symposium (IGARSS), 2011 IEEE International, New York: 803-806.

Zedler J B, Callaway J C, Desmond J S, et al. 1999. Californian Salt-Marsh Vegetation: An Improved Model of Spatial Pattern [J]. Ecosystems, 2(1): 19-35.

Zhang C, Xie Z. 2012. Combining object-based texture measures with a neural network for vegetation mapping in the Everglades from hyperspectral imagery [J]. Remote Sensing of Environment, 124: 310-320.

Zhang C, Xie Z. 2014. Data fusion and classifier ensemble techniques for vegetation mapping in the coastal Everglades [J]. Geocarto International, 29(3): 228-243.

Zhang L X, Zhou D C, Fan J W, et al. 2015. Comparison of four light use efficiency models for estimating terrestrial gross primary production [J]. Ecological Modelling, 300: 30-39.

Zhang L, Yin J, Jiang Y, et al. 2012. Relationship between the hydrological conditions and the distribution of vegetation communities within the Poyang Lake National Nature Reserve, China [J]. Ecological Informatics, 11: 65-75.

Zhang M, Ustin S, Rejmankova E, et al. 1997. Monitoring Pacific coast salt marshes using remote sensing [J]. Ecological Applications, 7(3): 1039-1053.

Zhang N, Zhao Y S, Yu G R. 2009. Simulated annual carbon fluxes of grassland ecosystems in extremely arid conditions [J]. EcologicalResearch, 24(1): 185-206.

Zhang Q, Li L, Wang Y G, et al. 2012. Has the Three-Gorges Dam made the Poyang Lake wetlands wetter and drier? [J]. Geophysical Research Letters, 39, L20402, doi: 10.1029/2012GL053431.

Zhang Q. 2004. Plant hormones regulate fast shoot elongation under water: From genes to communities [J]. Ecology, 85(1): 16-27.

Zhang Y, Lu D, Yang B, et al. 2011. Coastal wetland vegetation classification with a Landsat Thematic Mapper image [J]. International Journal of Remote Sensing, 32(2): 545-561.

Zhao B, Yan Y, Guo H, et al. 2009. Monitoring rapid vegetation succession in estuarine wetland using time series MODIS-based indicators: An application in the Yangtze River Delta area [J]. Ecological Indicators, 9(2): 346-356.

Zhao J K, Li J F, Yan H, et al. 2011. Analysis on the Water Exchange between the Main Stream of the Yangtze River and the Poyang Lake [C]// 3rd International Conference on Environmental Science and Information Application Technology Esiat 2011, Vol 10, Pt C, 10: 2256-2264

Zhou X, Zhao Y, Liang W. 2009. Estimating the Net Primary Productivity of Grassland in Poyang Lake Wetland with a Modified Atmosphere-Vegetation Interaction Model [J]. International Journal of Geoinformatics, 5(2): 399-406.

Zomer R, Trabucco A, Ustin S.2009. Building spectral libraries for wetlands land cover classification and hyperspectral remote sensing [J]. Journal of Environmental Management, 90(7): 2170-2177.

柴颖, 阮仁宗, 傅巧妮. 2015. 高光谱数据湿地植被类型信息提取[J]. 南京林业大学学报(自然科学版), 39(1): 181-184.

晁锐, 张科, 李言俊. 2004. 一种基于小波变换的图像融合算法[J]. 电子学报, 32: 750-753.

陈水森, 付尔林. 1998. 鄱阳湖湿地环境及其 MOS-1MESSR 遥感影像分析[J]. 生态科学, 17(2): 120-122.

陈宜瑜, 吕宪国. 2003. 湿地功能与湿地科学的研究方向[J]. 湿地科学, 1(1): 7-11.

程国栋. 2008. 黑河流域水-生态-经济系统综合管理研究[M]. 北京: 科学出版社.

程红芳, 章文波, 陈锋. 2008. 植被覆盖度遥感估算方法研究进展[J]. 国土资源遥感(1): 13-18.

戴雪, 何征, 万荣荣, 等. 2017. 近35a长江中游大型通江湖泊季节性水情变化规律研究[J]. 长江流域资源与环境, 26(01): 118-125.

戴雪, 万荣荣, 杨桂山, 等. 2014. 鄱阳湖水文节律变化及其与江湖水量交换的关系[J]. 地理科学, 34(12): 1488-1496.

戴志军, 李九发, 赵军凯, 等. 2010. 特枯2006年长江中下游径流特征及江湖库径流调节过程[J]. 地理科学, 30(4): 577-581.

董磊, 徐力刚, 许加星, 等. 2014. 鄱阳湖典型洲滩湿地土壤环境因子对植被分布影响研究[J].土壤学报,51(3):618-626.

方春明,曹文洪,毛继新,等.2012.鄱阳湖与长江关系及三峡蓄水的影响[J].水利学报,43(2):175-181.

冯文娟,徐力刚,王晓龙,等.2016.鄱阳湖洲滩湿地地下水位对灰化薹草种群的影响[J].生态学报,36(16):5109-5115.

冯险峰,刘高焕,陈述彭,等.2004.陆地生态系统净第一性生产力过程模型研究综述[J].自然资源学报,19(3):369-378.

高晓岚,汪小钦.2008.多源遥感数据在植被识别和提取中的应用[J].资源科学,30(1):153-158.

葛刚,纪伟涛,刘成林,等.2010a.鄱阳湖水利枢纽工程与湿地生态保护[J].长江流域资源与环境,19(6):606-613.

葛刚,徐燕花,赵磊,等.2010b.鄱阳湖典型湿地土壤有机质及氮素空间分布特征[J].长江流域资源与环境,19(6):619-622.

郭华,Hu Qi,张奇.2011.近50年来长江与鄱阳湖水文相互作用的变化[J].地理学报,66(5):609-618.

郭华,苏布达,王艳君,等.2007.鄱阳湖流域1955–2002年径流系数变化趋势及其与气候因子的关系[J].湖泊科学,19(2):163-169.

贺强,崔保山,赵欣胜,等.2007.水盐梯度下黄河三角洲湿地植被空间分异规律的定量分析[J].湿地科学,5(3):208-214.

胡维,葛刚,熊勇,等.2012.鄱阳湖南矶山湿地土壤养分的时空分布规律研究[J].农业环境科学学报,31(9):1785-1790.

胡振鹏,葛刚,刘成林,等.2010.鄱阳湖湿地植物生态系统结构及湖水位对其影响研究[J].长江流域资源与环境,19(6):597-605.

黄金国,郭志永.2007.鄱阳湖湿地生物多样性及其保护对策[J].水土保持研究,14(1):305-307.

黄群,姜加虎,赖锡军,等.2013.洞庭湖湿地景观格局变化以及三峡工程蓄水对其影响[J].长江流域资源与环境,22(7):922-927.

黄锡荃,李惠明,金伯欣.1993.水文学[M].北京:高等教育出版社.

解平静.2012.高原湿地植被地上生物量遥感估算方法及时空变化研究[D].成都:电子科技大学.

金斌松,李琴,刘观华.2016.江西鄱阳湖国家级自然保护区第二次科学考察报告[M].上海:复旦大学出版社.

雷声,张秀平,许小华.2011.鄱阳湖湿地植被秋冬季变化多源遥感监测分析[J].人民长江,42(11):60-63.

雷婷.2008.鄱阳湖南矶山湿地土壤对氮的吸附与释放特性初步研究[D].南昌：南昌大学.

雷璇,杨波,蒋卫国,等.2012.东洞庭湿地植被格局变化及其影响因素[J].地理研究,31(3)：461-470.

李春干,代华兵.2015.红树林空间分布信息遥感提取方法[J].湿地科学,12(5)：580-589.

李健,舒晓波,陈水森.2005.基于Landsat-TM数据鄱阳湖湿地植被生物量遥感监测模型的建立[J].广州大学学报(自然科学版),4(6)：494-498.

李仁东,刘纪远.2001.应用Landsat ETM数据估算鄱阳湖湿生植被生物量[J].地理学报,56(5)：531-539.

李瑞,张克斌,刘云芳,等.2008.西北半干旱区湿地生态系统植物群落空间分布特征研究[J].北京林业大学学报,30(1)：6-13.

李世勤,闵骞,谭国良,等.2008.鄱阳湖2006年枯水特征及其成因研究[J].水文,28(6)：73-76.

李爽.2014.鄱阳湖水位变化和典型植物对土壤磷释放影响研究[D].南昌:南昌大学.

李素英,李晓兵,莺歌,等.2007.基于植被指数的典型草原区生物量模型——以内蒙古锡林浩特市为例[J].植物生态学报,31(1)：23-31.

刘继琳,李军.1998.多源遥感影像融合[J].遥感学报,2(1)：47-50.

刘明月,贾明明,王宗明,等.2015.2013年松花江与嫩江交汇段洪水遥感监测[J].湿地科学,13(4)：456-465.

刘青,鄢帮有,葛刚,等.2012.鄱阳湖湿地生态修复理论与实践[M].北京:科学出版社.

刘信中,叶居新.2000.江西湿地[M].北京:中国林业出版社.

刘兴土,马学慧.2002.三江平原自然环境变化与生态保育[M].北京:科学出版社.

闵骞,闵聃.2002.鄱阳湖区干旱演变特征与水文防旱对策[J].水文,30(1)：84-88.

闵骞,占腊生.2012.1952-2011年鄱阳湖枯水变化分析[J].湖泊科学,24(5)：675-678.

莫利江,曹宇,胡远满,等.2012.面向对象的湿地景观遥感分类——以杭州湾南岸地区为例[J].湿地科学,10(2)：206-213.39

潘耀忠,史培军,朱文泉,等.2004.中国陆地生态系统生态资产遥感定量测量[J].中国科学:D辑,34(4)：375-384.

齐述华,廖富强.2013.鄱阳湖水利枢纽工程水位调控方案的探讨[J].地理学报,68(1):118-126.

宋仁飞,林辉,臧卓,等.2014.东洞庭湖湿地植被高光谱数据变换及识别[J].中南林业科技大学学报,34(11):135-139.

孙岩.2008.湿地植物高光谱特征分析与物种识别模型构建[D].北京:清华大学.

孙永光,赵冬至,郭文永,等.2013.红树林生态系统遥感监测研究进展[J].生态学报,33(15):4523-4538.

孙永军,童庆禧,秦其明.2008.利用面向对象方法提取湿地信息[J].国土资源遥感,1(75):79-81.

谭衢霖.2002.鄱阳湖湿地生态环境遥感变化监测研究[D].北京:中国科学院研究生院.

唐明.2010.鄱阳湖水利枢纽工程"调枯不调洪"建设理念[J].中国农村水利水电,(9):23-25.

田庆久,闵祥军.1998.植被指数研究进展[J].地球科学进展,13(4):10-16.

田迅,卜兆君,杨允菲.2004.松嫩平原湿地植被对生境干湿交替的响应[J].湿地科学,2(2):122-127.

万荣荣,杨桂山,王晓龙,等.2014.长江中游通江湖泊江湖关系研究进展[J].湖泊科学,26(1):1-8.

王海洋,陈家宽,周进.1999.水位梯度对湿地植物生长、繁殖与生物量分配的影响[J].植物生态学报,23(3):269-274.

王继燕,李爱农,靳华安.2015.湿地植被净初级生产力估算模型研究综述[J].湿地科学,13(5):636-644.

王劲峰,廖一兰,刘鑫.2010.空间数据分析教程[M].北京:科学出版社.

王鹏,万荣荣,杨桂山.2017.基于多源遥感数据的湿地植物分类和生物量反演研究进展[J].湿地科学,15(1):114-124.

王鹏,赖格英,黄小兰.2014.鄱阳湖水利枢纽工程对湖泊水位变化影响的模拟[J].湖泊科学,26(1):29-36.

王庆,廖静娟.2010.基于Landsat TM和ENVISAT ASAR数据的鄱阳湖湿地植被生物量的反演[J].地球信息科学学报,12(2):2282-2291.

王树功,黎夏,周永章.2004.湿地植被生物量测算方法研究进展[J].地理与地理信息科学,20(5):104-109,113.

王苏民,窦鸿身.1998.中国湖泊志[M].北京:科学出版社.

王晓鸿.2005.鄱阳湖湿地生态系统评估[M].北京:科学出版社.

王晓龙,徐力刚,白丽,等.2011.鄱阳湖典型湿地植物群落土壤酶活性[J].生态学杂志,30(4):798-803.

王晓荣,程瑞梅,唐万鹏,等.2012.三峡库区消落带水淹初期土壤种子库月份动态[J].生态学报,32(10):3107-3117.

王晓荣,程瑞梅,肖文发,等.2010.三峡库区消落带水淹初期地上植被与土壤种子库的关系[J].生态学报,30(21):5821-5831.

韦玮.2011.基于多角度高光谱CHRIS数据的湿地信息提取技术研究[D].北京:中国林业科学研究院.

吴浩,徐元进,高冉.2016.基于光谱相关角和光谱信息散度的高光谱蚀变信息提取[J].地理与地理信息科学,32(1):44-48.

吴桂平,叶春,刘元波.2015.鄱阳湖自然保护区湿地植被生物量空间分布规律[J].生态学报,35(2):361-369.

相栋,武永利,张荣,等.2011.沿海湿地植被遥感分类研究[J].山西气象(2):19-24.

谢冬明,郑鹏,邓红兵,等.2011.鄱阳湖湿地水位变化的景观响应[J].生态学报,31(5):1269-1276.

徐治国,何岩,闫百兴.2006.植物N/P与土壤pH对湿地植物物种丰富度的影响[J].中国环境科学,26(3):346-349.

徐州,赵慧洁.2009.基于光谱信息散度的光谱解混算法[J].北京航空航天大学学报,35(9):1091-1094.

许秀丽,张奇,李云良,等.2014.鄱阳湖典型洲滩湿地土壤含水量和地下水位年内变化特征[J].湖泊科学,26(2):260-268.

薛薇,陈欢歌.2010.Clementine数据挖掘方法及应用[M].北京:电子工业出版社.

姚鑫,杨桂山,万荣荣,等.2014.水位变化对河流、湖泊湿地植被的影响[J].湖泊科学,26(6):813-821.

叶春,刘元波,赵晓松,等.2013.基于MODIS的鄱阳湖湿地植被变化及其对水位的响应研究[J].长江流域资源与环境,22(6):705-712.

游海林.2014.水情变化对鄱阳湖湿地植被生长与空间格局的影响研究[D].南京:中国科学院南京地理与湖泊研究所.

余莉.2010.基于遥感方法的鄱阳湖湿地植被动态变化研究[D].南京:中国科学院南京地理与湖泊研究所.

余莉,何隆华,张奇,等.2011.三峡工程蓄水运行对鄱阳湖典型湿地植被的影响[J].地理研究,30(1):134-144.

余莉,何隆华,张奇,等.2010.基于Landsat-TM影像的鄱阳湖典型湿地动态变化研究[J].遥感信息(6):48-54.

虞海英.2015.融合机载LIDAR和高光谱数据的滨海湿生植被生物量反演方法研究[D].北京:中国测绘科学研究院.

张宝雷,张淑敏,周万村.2008.基于多源数据的若尔盖湿地土地利用遥感自动调查[J].土壤,40(2):283-287.

张方方,齐述华,廖富强,等.2011.鄱阳湖湿地出露草洲分布特征的遥感研究[J].长江流域资源与环境,20(11):1361-1367.

张静.2006.鄱阳湖南矶山湿地土壤对磷的吸附与释放特性的研究[D].南昌:南昌大学.

张丽丽,殷峻暹,蒋云钟,等.2012.鄱阳湖自然保护区湿地植被群落与水文情势关系[J].水科学进展,23(6):768-775.

张萌,倪乐意,徐军,等.2013.鄱阳湖草滩湿地植物群落响应水位变化的周年动态特征分析[J].环境科学研究,26(10):1057-1063.

张全军,于秀波,钱建鑫,等.2012.鄱阳湖南矶湿地优势植物群落及土壤有机质和营养元素分布特征[J].生态学报,32(12):3656-3669.

张树文,颜凤芹,于灵雪,等.2013.湿地遥感研究进展[J].地理科学,33(11):1406-1412.

张秀英,冯学智,江洪.2009.面向对象分类的特征空间优化[J].遥感学报,13(4):664-669.

章恒,王世新,周艺,等.2015.多源遥感影像红树林信息提取方法比较[J].湿地科学,13(2):145-152.

赵军凯,李九发,戴志军,等.2011.枯水年长江中下游江湖水交换作用分析[J].自然资源学报,26(9):1613-1627.

赵军凯,李九发,蒋陈娟,等.2013.长江中下游河湖水量交换过程[J].水科学进展,24(6):759-770.

周霞,赵英时,梁文广.2009.鄱阳湖湿地水位与洲滩淹露模型构建[J].地理研究(6):1722-1730.

朱海虹,张本.1997.鄱阳湖[M].合肥:中国科学技术大学出版社.

致　谢

　　本书在国家自然科学基金项目"通江湖泊典型洲滩湿地植被时空格局演变对水位波动的响应机制研究——以鄱阳湖为例"（编号：41571107）和中国科学院重点部署项目"通江湖泊生态系统服务变化评估与提升"（编号：KFZD-SW-318）部分成果基础上，综合前期相关研究成果撰写而成。期间，得到了很多部门、专家、学者和同仁的大力支持，在本书付梓出版之际，深表感激。

　　感谢杨桂山研究员在项目立项申请、方案制定、组织实施、成果撰写过程中给予的指导和建设性的意见与建议；感谢王晓龙副研究员提供了部分鄱阳湖湿地遥感解译及野外调查数据，并为本研究野外采样方案制定和实施付出的努力；感谢赖锡军研究员和徐力刚研究员提供了部分水文数据，并对研究思路和方法给出了宝贵的建议；感谢李恒鹏研究员、高建华教授、朱青研究员、李峰研究员对本研究提出了中肯的意见；感谢姚鑫博士对野外工作给予的大力支持。

　　感谢中国科学院流域地理学重点实验室、鄱阳湖湖泊湿地观测研究站为本研究的顺利开展提供了有力的支撑。感谢江西省水文局、江西省鄱阳湖水文局、江西鄱阳湖国家级自然保护区管理局、江西鄱阳湖南矶湿地国家级自然保护区管理局在项目调研、资料收集、野外采样过程中给予的支持和帮助。

　　感谢东南大学出版社编辑们为本书的出版付出的辛勤努力。

　　本书在撰写过程中参阅了大量的国内外文献，在此一并感谢。

　　由于水平、资料等有限，书中难免存在疏漏和不妥之处，恳请广大读者批评指正，我们将在后续研究中努力改进。

作者
2019年10月于南京九华山下